ALUMNI

Adventures in Tornado Alley
The Storm Chasers
Mike Hollingshead Eric Nguyen

スーパーセル
恐ろしくも美しい竜巻の驚異
SUPERCELL

マイク・ホリングスヘッド
エリック・グエン
小林文明◈監訳
小林政子◈訳

国書刊行会

エンは2007年9月に他界した。本書に掲載されて
ックの最高の作品だが、それはグレートプレーンズ
竜巻を追いかける彼の人生そのものだった。エリッ
家族や友人たちから旅立ったが「竜巻街道」の大空
私たちとともにいる。

——エイモス・マリオッコ

目次

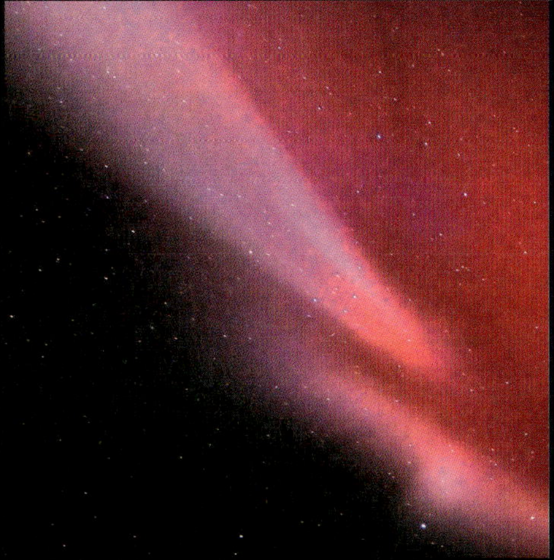

はしがき

本書『スーパーセル』には二人の果敢な若い写真家がアメリカ中西部全域にわたって実際に撮影した目を見張るほど迫力ある気象写真が収録されている。マイク・ホリングスヘッドとエリック・グエンは、荘厳でときに破壊的でさえあるストームを追跡した魅惑的なフォトダイアリーで世界中の人気を博した。ストームに関する科学、予測への飽くなき情熱、そして気象がもたらす予測不可能な珍しい現象を見事に結びつけ、完璧な場面を追い求め、春から秋にかけて平原を駆け抜ける。ときには仲間との偶然の出会いもあるが、スーパーストームの真ん中ではつねに一つの目標と自分だけの経験に集中する。

序文

1972年４月18日に私が初めて本格的にストームを追いかけたとき、マイク・ホリングスヘッドとエリック・グエンはまだ生まれていませんでした。以来、ストームチェイスはそれほど珍しいことではなくなっています。マイクとエリックはこの分野の新世代のリーダー的な存在です。

最初にストームを追いかけたのが誰かは知りませんが、1950年代半ばにはデヴィッド・ホウドリーとロジャー・ジェンスンがやっていました。彼らは長い間無名でした。1970年代初めに私がやり出したときは見様見真似で、「竜巻観測プロジェクト（Tornado Intercept Project）」と称するオクラホマ州ノーマンの国立暴風雨（シビアストーム）研究所と、当時私が大学院生として在籍していたオクラホマ大学の共同研究プロジェクトとして実施しました。

ストームを追いかける理由は追いかける人間の数だけありますが、第一の目的は竜巻を見ることにあります。竜巻研究の一環として行う科学者から、趣味に没頭する者や初心者まで幅広い層の人たちが活動しています。科学目的のみの場合もあれば、強大なストームを見ることが目的の場合もあり、正気だと思われていないグループに加わって注目を浴びたいだけの人もいます。写真やビデオを作製して金を稼ぎたい人もいます。確かに金は稼げるかもしれませんが、プロはいません。ほとんどのストームチェイサーは仕事ではなく趣味としてやっています。ビデオや写真の収益だけでは（ごく質素な生活なら別ですが）年間を通じて活動するのには足りないでしょうし、シーズン中にテレビ局に雇われて活動する者は、時期外れに生活を支えるための手段を持っているはずです。

ほとんどのストームチェイサーは命の危険を冒してまで興奮を味わおうとするわけではありません。興奮するのは切迫する死のためではありません――だれも見たことのない壮観な大気現象を目撃することにあります。竜巻の寿命はたいてい数分間で、発生頻度も低く、たとえ数マイル離れていたとしても全体像を捉えることはできません。基本的な常識があればそれほど危なくはありませんが、危険はつねに付きまといます。向こう見ずや無謀な行為はわが身を危険に晒し、他人をも危険に巻き込むことになります。しかし、最も危険なのはストームではありません。走行中に遭う危険です。追跡中は大きな不安に呑み込まれます。間に合うだろうか、竜巻ができるだろうかといった不安や切迫感から危ない運転になりがちですし、雨ですべることもしょっちゅうです。スピードを上げ、危険を冒すことが多くなります。

稲妻はその次に危険性が高い要素です――雷に打たれて死ぬ人もいます。その次は竜巻を伴うストームがもたらす危険。すなわち竜巻そのものや、竜巻ではない「ふつう」の強風、雹《ひょう》や強雨です。幸い私の知る限り、ストームそのもので死者や負傷者が出たことはありません。しかし、確実に危険はあり、気安く取り掛かれる趣味ではありません。

竜巻がいつ、どこで発生するかを予測することも活動の楽しみの一つです。これはストームチェイサーにとって重要な能力であって、気象の専門家でなくてもこの難しい作業にある程度は習熟することができます。竜巻が発生しそうなとき、よく見える位置に立とうとすれば発達中のストームのそばまで近づかなければなりません。竜巻が発生するストームや気象条件を理解するには専門家になればいいのですが、必ずしも専門家である必要はありません。ストームが発生した時にどの積乱雲を追いかけるかを判断するのは生易しいことではありません。一般に、ストームは絶えず移動しており、道路は直線的であるため、その選択によっては追跡を失敗することもあります。道路の選択は誤りやすいのです。雹が降っている区域に突っ込むとフロントガラスが見えなくなり、その日の追跡が無駄になるので、ストームによって避けるべき道もあります。残念なことにグレートプレーンズでは地域によって道路の選択の自由は非常に限られているので、ストームの動きを見ることができる絶好の位置に近づけないこともあります。

ストームチェイサーの性格はさまざまで、手法についても人によって異なることは私には最初から分かっていました。信頼できる（大半の）ストームチェイサーは起こっていることを米国気象局（NWS）（NOAA：海洋大気庁）や地元のストームスポッター（追跡者）のネットワークへ報告するので、この情報をもとに危険を被る恐れのある住民に対して「竜巻警報」が出されます。こういう良心的なストームチェイサーは写真やビデオを科学者や全国のストームの観測者と自由に共有します。残念ながら、大きなグループにはどこにでも必ず少数の無責任者がいます——彼らは竜巻渦の中に入ろうとして不必要に他人を危険に巻き込みます。無責任なストームチェイサーは目撃中のことを報告せず、結果を誰とも共有しようとしません。注目を浴びるために報道機関にだけは通報するかもしれません。長年の友人、ジーン・ムーアが言うとおり「彼らの目標はストームではなく自分たちなのです」。

私は数年前にマイクとエリックのことを知り、ネットで彼らの画像を見始めてその腕前にたちまち感服しました。私自身の経験から、幸運に恵まれれば素晴らしい写真が撮れるものですが、この二人にはストームを追いかけながら最適な瞬間に最適な場所でストームを捉える素晴らしい技術がありました。なるほど、二人には知識があり、予測する術を体得しています。つねに的確な決断を下し、最大の効果が得られる撮影位置を心得ているようです。こういう能力は幸運に恵まれただけでは身につくものではありません。二人は本当にすごい。もちろん追跡中つねにストームの全容を見ることのできる人間はいないし、誰でも判断を誤って「失敗に終わる」こともあれば、何の収穫もない日もあります。こうした失敗は避けられないもので、あらゆる追跡活動につきものです。竜巻を見るのは容易ではありません。

マイクとエリックは確かに信頼できるストームチェイサーであり、二人の仕事は高い評価を得るでしょう。長い間活動してきた私としては、この二人を緩やかに連携している我々の仲間に迎えたいと考えてきました。ストームチェイサーには個人主義的な人がかなり多く、また、科学的プロジェクトとしてでないとチームで活動したがらない人もいます。私はマイクやエリックと同じストームを追いかけたことが何回かありますが、実際に出会ったことは一度もありませんでした。大平原でストームを見つけて追跡しているときは、他のストームチェイサーが周辺にいようがいまいが関係ありません。相棒（愛車）と二人だけで平原を駆け巡るのは最高の瞬間です。集団——「チェイサー仲間」——のほうがよいことは知っています。友人と出会えれば嬉しいものですが、ストームチェイサーは体験を自分のものにしておきたいものなのです。

走行中に膝に置いたパソコンでリアルタイムのレーダーエコーの動きを見るなど、最新テクノロジーのおかげで私が始めた頃よりも活動は格段にしやすくなりましたが、最新テクノロジーをもってしてもなお楽な仕事ではありません。これまで、最適の場所で最適の時に出会ったチェイサーは、便利な新装置があってもなくても、ほとんどが年季の入ったベテランであることに気づきます。つまり、経験が重要なのです。

マイクとエリックの写真はストームの写真を新たな高みへと押し上げました。テーマといい、構図といい、露出時間や鮮明さといい——すべてが彼らが優れた写真家であることを証明しています。彼らの写真には竜巻のみならずストームの多様な構造に対する感動があります。本書の写真の多くは竜巻の写真ではないにもかかわらず、多くの人たちが自分では決して見ることのできないストームの威容と美を雄弁に物語っています。ストームを追いかけている最中には、最終的に竜巻は現れなくても、壮大な力と美しい形の展開を目前で見ることができます。マイクとエリックはこれらの写真で繰り返しそれを捉えています。

オクラホマ州ノーマンにて

チャールズ・A・（チャック・）ドズウェル博士

著者紹介

マイク・ホリングスヘッド
Mike Hollingshead

ストームを追いかけるなんてクレイジーだなどと醒めた目で眺めてはいられない。朝早く起きてネブラスカ州の自宅からテキサス州まで1,000キロメートル近く運転する。のるか反るかだ。車に飛び乗って他州まで運転している間も勝算はまったくないが、行かないとチャンスはない。

私は1976年3月にネブラスカ州ブレアで生まれ、ずっとここに住んでいる。子供のころ、夜、サンダーストーム（雷雨）になると、眠くてどうしようもなくなるまで稲妻を眺めていた。ストームが近づくと父に丘の上まで連れて行ってもらった。どちらかが怖くなると（たいてい私だったが）丘を下ったが、私が成長するにつれて帰りたがるのは父になった。やがて竜巻のビデオを取り寄せて見るようになって夢中になり、動いている竜巻をどうしても見たいと思うようになった。運転免許を取得して自分で現場に行けるようになると、いつも天気予報を見てはブレア周辺の丘陵地に出かけていってストームが近づくのを見たが、当時は竜巻を見たことはなかった。

1998年の冬、もっと遠くまで行ってストームを追いかけたいと考え始めた。その年は自分でも良く分からないがどういうわけだか行動には移らなかった。1999年には町にある大穀物会社「カーギル」の工場で保守業務に従事しており、ストームを追いかけるという理由で休みは取りにくかった。忘れもしない、その年の4月8日にアイオワ州で竜巻が発生しそうだということを知り、追いかけたくてたまらなかったが、仕事を離れるわけにはいかないので気が変になりそうだった。約1カ月後、仕事が休みの日曜日にネブラスカ州で竜巻をもたらすスーパーセルが二カ所で現れた――一カ所はブレアの北約50キロメートルの地点、もう一カ所は南へ少し離れたところ――私は地図を摑んで初めての追跡に出かけた。まもなく竜巻が発生することが分かって頭に血が上ってきた。初めて竜巻を捉えた時の気持ちは何と言えばいいのだろう。初めて宝くじに当たったようなものだ。雨に降られて周囲はよく見えなかったが、竜巻が見えた瞬間に私は完全にはまってしまった。

ふつうストームを追いかけているときは、よく見ようとしてストームに集中し過ぎるあまり被害が目に入らないものだが、初めての時は自分を抑えられずストームに追いつこうとした。野原にはセミトレーラーがひっくり返り、木々がなぎ倒されていた。ビデオで見た光景が生々しい現実となった。竜巻とその被害を見た後、交通はストップし、警官が別の道路に誘導してくれたが、そこで新たに生まれた竜巻に遭遇することになった。私はパニック気味になって地元の人たちとブリキの壁がめぐらされた粗末なガソリン給油所に避難した。外はストームで30分ほどテニスボール大の雹が降った。ラジオから巨大な竜巻がこちらへ向かっているので地下室へ潜るよう繰り返し警告があった。恐ろしい体験ではあったが、その後しばらく気分が高揚していて、どうもその時からストームチェイサーになったらしい。

翌年もストームを追いかけたが、竜巻を捉えるには予測の方法を学ばなければならないことに気づき、それ以来本を読み、調べ、道路上で人の話に耳を傾けたりしたが、現場へ行くのが何よりの勉強だった。初めは写真を撮ろうという考えはなく、安物のカムコーダーで自分の記録用にビデオを撮っていた。だが、素晴らしい空の光景を見て、もっと良いものをサイトに載せたくなり、2002年に初めて「ソニーF707」を買った。このカメラは安くなかったので、当時の私にとっては負担だったが良い投資だった。

仕事場から駆けつけたり、週末にストームを追いかけたりすることが辛くなり、2004年あたりから仕事が妨げになって嫌気がさしていたので仕事を辞めた。春から夏にかけて活動し、秋になって所持金がなくなったら仕事に就こうと考えた。11月にはどうしても仕事をしなければならなくなったが、私のオーロラの写真（66ページ参照）がインターネットで人気になり、自営業になった。3年経ってもストームチェイサーであるほかに仕事はないし、このまま行ければいいと思っている。自分のことを写真家だと考えたことはないが、それで生活を支えている。

年々活動回数は増えて2006年になると毎年40回、距離にして32,000キロメートルも走った。ストームを追いかけているときは、目標に迫ろうと、また、何かが起こることを待ちながらほとんどを道路上で過ごした。大部分の追跡は絵にならない「失敗」だし、何も起こらなかったら「大失敗」である。12時間ひたすら走り続けて疲れ切り、無駄骨を折ってうんざりした挙句に引き上げるのは辛いものだ。ただ、失敗すればするほどやめられなくなった。2006年には1年間失敗が続いたこともある——完全に病みつきになった。

私の写真はあらゆる大気現象を対象にしており、稲妻やオーロラ（66ページ参照）のように特殊な写真を撮ることが目的の場合もあるが、だいたいは猛烈なストームを追いかけている。ストームの全体像をとらえることが目標だが、ストームは大きさは違ってもそれぞれが個性的で、どんな構造でも対象になり得る。珍しいものを求めているのかも知れない——あり得ない形状、変わった形の雹、常識では考えられない竜巻など……ストームに打ちのめされそうになったり、竜巻に接近した経験もあるが、そこに追跡の醍醐味がある。

インターネットが現れる前から追跡活動をしている人たちがいるが、彼らの経験は、リアルタイムで予報情報にアクセスする以上に大きな影響力がある。ストームを追いかける活動が人気になったのは、活動家たちがネットで映像を配信し、限られた者にしか見られなかった珍しい現象を世界中の誰もが見ることができるようになったからであり、この道楽に惹きつけられる人たちが増えたということだ。メールを通じて映像が流れて数週間てんてこ舞いすることもある。自分のサイト（extremeinstability.com）が質問や照会で炎上しそうになって逃げ出したくなることもある。ちなみに、最も多い質問は竜巻にどのくらい近付いたかで、念のために書くと、最も近かったのは約200メートルの時が一度だけあり、2キロメートル以内はしょっちゅうある。最大の竜巻は2003年6月9日にネブラスカ州オニールで見たもので、被害の幅は500メートル以上あった。また、2004年7月12日のネブラスカ州バートレットの竜巻（120ページ参照）は幅約400メートルはあったはずだ。最強の竜巻は2005年6月9日にカンザス州ヒルシティ付近で発生した竜巻で（82ページ参照）、少なくとも発生直後は破壊的な力があった。

追跡活動は危険だと思われるかもしれないが、少し常識を働かせて考えれば、危険だというのはまったく事実とかけ離れているし、無理をしてまで危ない目に遇うことはない。時速160キロメートル（100マイル）の風でも車はひっくり返らないが、倒れてきた大木に当たって死ぬかもしれないので、危険そうなもののそばに立ったり、車を止めたりしないように気をつけること。危険を意識する時間もないほど切迫した竜巻はめったにないし、竜巻は限られた範囲の場所しか通らないという事実を加味すればおのずと場所は限定される。私は稲妻がいちばん恐いが、危険からのがれるのはたやすい。稲妻の近くだったら、悪いことは言わない、車中にいればほぼ間違いない。どうかしていると思うかも知れないが、それほど危険な趣味だとも思わない——夜、自宅へ帰る途中で車の前に鹿が飛び出してくるほうが私にはよほど恐い。少なくともこうして続けているのも、そう思うからだろう。確かに、活動を始めたばかりのときはそんなふうには考えなかった。

私はつねに一人でストームを追いかけており、今後もそうしたい。一緒にやろうと誘われるがいつも断っている。どこまで竜巻に近づこうが、いつまで立ち止まっていようが、自分のことだけに気を付ければいいからである。やめるのも自分で判断する。良く知っている仲間とさえ、無理してまでキャラバンを組んだり待ち合わせたりしないのは、一カ所に長くとどまって、喋りまくり、失敗するからだ。とはいえ、私はそれほど嫌なやつではないので、ストームの近くにネブラスカ州のナンバープレートで黒のムスタングが止まっていたら気軽に声をかけていただきたい。

エリック・グエン
Eric Nguyen

ストームに関する私の最も早い記憶は７歳ぐらいの時のものである。妹は恐がってシェルターの方へ駆けていったが、私はうっとりと見入っていた。家にあった1960年代の古い百科事典でストームの項を探し出し、もっと知りたいと思うようになり、やがて図書館に入り浸りになった。インターネットが新しい情報の取り出し口になると、ネットで読んだり調べたりし、1999年にはオクラホマ大学で気象学を学ぶことにした。私は人生のほとんどを天気について学んできたのかもしれない。

ストームを追いかけ始めたのは1994年、16歳の時だった。17歳のときに住んでいた町（テキサス州ケラー）で竜巻の警報が鳴り出したときのことを覚えている。母からすぐに家に帰るよう電話があったが、家に帰らず、何時間も竜巻を追いかけていた。方法も知らずにただ追いかけていたので何も捉えることはできず、おかげで母を心配させずにすんだ。活動資金と時間ができるまで２、３年かかり、目標が定まったのは1997年になってからだった。

始めたばかりの頃は地図とスキャナーとカメラを持って一人で活動した。経験が必要だった。自分で予測して判断し決断することが最善の学習法だった。もちろんストームは予測不可能であり、最新情報を駆使しても間違えることはよくあるが、経験からストームを完全に掌握するための勘を養うことができた。

私はテキサス州中部から南北両ダコタ州まで、ロッキー山脈の東側、そして、オクラホマ州南東部からミネソタ州東部までの森林地帯の西側の細長い区域でストームを追いかける。理想的には、樹木が少ないか交通量が多くないまともな道路だといいのだが、幸いプレーンズはそんな感じである。ストームの全体構造を追いかける私は、ハイプレーンズに這うようにゆっくりと進む美しい形のスーパーセルが好きだ。こういう巨大な猛威が接近してくるのを眺めることは人生でこの上なく素晴らしく、いつまで見ていても飽きない。朝、今日は出かけられると思った時の興奮と恐怖の入り混じった感覚がたまらない。ストームの追跡におあつらえ向きの日は、パソコンにかぶりつき、いつ、どこへ行こうかと考える。ストームに夢中になってから何度もそういうことがあった。2004年５月は竜巻が発生しそうなストームの連続で（144ページ参照）、忘れられないほど波乱万丈だった。同年６月12日にカンザス州マルベインで発生した巨大な竜巻（26ページ参照）はそれまで見た竜巻の中で最大級のものだった。その日の写真を見るとその時の恐怖が蘇る。

良く分かっているつもりでもストームに打ちのめされることはある。活動を始めたばかりのころ二度と追いかけたくないと思わせるほどのストームに遭遇した。風の強い日だった。1998年５月テキサス州西部で爆発的に成長した積乱雲が二つ発生した。写真を撮ろうとして車から降りると、強風が吹いて車のドアが閉まり閉め出されてしまった。針金で40分間悪戦苦闘して車の中に入ったものの新車に傷がついてしまった。しかし、とにかく改めて追跡を始めた。その日は野球のボール大の雹を懸命によけながら壁雲の下を走った。深夜に車に雷が落ちて無線や電気機器などすべてが壊れた。真夜中に５時間ぐらい田舎道で動けなくなってしまったが、午前３時ごろ近くの町からレッカー車が来た。午前４時半ごろに両親が助けに来てくれるまでは、ストームを追いかけるのはよくないことだと思うと話すつもりだった。両親は、こんなことは人生にはよくあることで、立ち直ると言ってくれた。立ち直るのに時間はかからなかった。翌朝あわてて車を借りてその日のうちに追跡を再開した。

私はもともとビデオや写真を撮ろうと思っていたが、写真家の方がやり甲斐があると考えるようになった。

午前4時半ごろに
両親が助けに来てくれるまでは、
ストームを追いかけるのは
よくないことだと思うと
話すつもりだった。

2003年カメラを一眼レフのデジタルカメラに切り換えて思う存分撮影できるようになった。私の写真が本や雑誌に掲載され、私は追跡をサイト（www.mesoscale.ws）の読者へ配信したくなった。

活動中には同じ活動をしている仲間と知り合い、行動を共にすることもある。彼らといっしょに珍しい体験をしたり、愉快な出来事などがあったりするとその日は思い出に残る日になる。日が暮れると私たちは同じ場所で活動を止め、その日見たことを話し合う。

今後も私は活動を続けるだろう。なるべく続けて行きたい。宝くじが当たったらカンザス州ヘイズへ引っ越して一日中追いかける。幸い仕事は順調なので、休暇をとるか誰かに交替してもらえば活動回数を増やせるだろう。私は息子たちに数学と科学をよく勉強しろと言っているし、息子たちもストームに関心をもっている。もし息子が私と同じ道を選ぶのなら、私の両親のようにただ見守りたい。

いっしょに珍しい体験をしたり、
愉快な出来事などがあったりすると
その日は思い出に残る日になる。

ストームを追いかけている最中に
最終的に竜巻は現れなくても、
壮大な力と美しい形の展開を
目前で見ることができます。

MULVANE, KANSAS June 12

ふたを開けてみると、人生最大の追跡ともいうべき価値ある冒険だった。

カンザス州マルベイン｜6月12日

エリック：数日前、会議の準備をしていたために巨大なストームの発生を見損なって、代わりになるような追跡をしたくなった。大物との出会いはめったにないので、事前に入念に予測しないと今回のように落胆することになりかねない。この日は友人のスコット・カレンズと一緒に追いかけるつもりで、手に届きうる最高の目標を立てた。ふたを開けてみると、人生最大の追跡ともいうべき価値ある冒険だった。

私たちはマクファーソンに行ってみたが、ストームはそれほど大きくはなく消滅しかかっているし、気をとり直す時間などない。その日の収穫は何もないまま家路に着こうとしていたとき、私たちのいる場所から110キロメートル南でストームが発生したとの情報を耳にした。普段ならもうやめておこうという気になるところだが、この日は急いでウィチタへ向かう。

途中で竜巻が州境の西側を襲っているとの情報を得る。サンダーストーム群からの新たなアウトフロー（冷気外出流）の境界に沿ってストームが発達し、気流が回転しながら激しく上昇している。何もかもお膳立てが整い、雲底が激しく回転していることから判断するに絶好のタイミングのようだ。

竜巻が通過する光景には何か気分を浮き立たせるものがある。

雲底から急速に巨大な漏斗雲が発生して竜巻になり、私たちの約100メートル先を通過した。**竜巻が通過する光景には何か気分を浮き立たせるものがある**——遮るものは何もなく目の前を通過する竜巻の姿は完璧だ。

竜巻がタッチダウンするには雲底の高度が高すぎるようだが、**かなり強いストームである。**竜巻は地上に向けて十分に凝結した漏斗雲を伴っており、**遠方の木々を薙ぎ倒しながら飛散物（デブリ）を撒き散らす。**

竜巻は金属製の建物を襲ってアルミニウムや鋼鉄のデブリを巻き上げ、それらがきらめきながら雲から舞い落ちている。前方の虹の他にも圧倒的な光景が展開する。養護施設の上に漏斗雲が停止しているが、幸い被害が出るほど接近してはいない。

雹が降り出して竜巻の威力は増し、道路のそばの送電線を引き倒した。幸い私たちは離れていたので無事で、西側から竜巻を見ようとさらに南へと車を走らせた。漏斗雲の周囲は雨が降っているので見にくいのだが、この竜巻の場合は比較的雨が少ないので全体が見通せた。**ソフトボール大の雹**（直径約11.5センチメートル）**に窓を塞がれてしまったチェイサーの車もあった**が、私たち一行は免れた。

前方の白い家は竜巻に襲われずに済んだが、住人はどんなに恐かっただろう。

良い位置にいたので竜巻の最後まで見ることができた。**竜巻は約11分間地上を走った。**もの凄い光景で、巨大な渦が建物を壊し、地上のあらゆるものをずたずたに引き裂く。前方の白い家は竜巻に襲われずに済んだが、住人はどんなに恐かっただろう。後日、私はその家の人に写真を送ってあげたが、その写真を見るとどれほど接近していたかがわかる。

もの凄い光景で、
巨大な渦が建物を壊し、
地上のあらゆるものを
ずたずたに引き裂く。

竜巻はこちらにやって来ると早々に勢いが衰えて、閉塞過程もはっきりしない妙なパターンで衰弱しながら消滅した。理由もわからずに急速に消えてしまい、**その後10分間ぐらい空から小さなデブリが落ちてきた。**

我々のレーダーデータではストームの回転は南へ移動し、約30分間漏斗雲もできなかったが、アウトフローの先端がストームに追いつき、夕陽を背景に新しい竜巻が生まれた。かなり弱い竜巻で、暗くなってくるにつれストームの姿ははっきりとは見えなくなってきたが、**一日の終わりにふさわしい素晴らしい光景だった。**アイオワ州でなくてもあのような竜巻が見られるのだ。

SIOUX CITY, IOWA

近くでこんな素晴らしいものを
最後まで見られたらいいのに。

……May 28

アイオワ州スーシティ｜5月28日

マイク：今日はあまり良さそうな日ではなかったから、もう少しで追跡をやめるところだった。オンラインでデータをチェックすると、風向はいいが風速が強くなかったので、出かけるほどのことはないと思った。幸いスティーヴ・ピーターソンが調べてみろと言ってくれたので、調べてみたのがよかった。近くでこんな素晴らしいものを最後まで見られたらいいのに。私たちはネブラスカ州スペンサーへ向かった。

しばらくして回転し始めた……勢いを増してきた。ストームへのインフローは時速64キロメートルぐらいになって目に埃が入った。

こんな空を見たら
誰でも運転をやめて
眺めずにはいられないだろう。

こんな空は見たことがない。**ストームへの猛烈なインフローによって、もの凄い構造になり出した。**渦の中心から離れた雲底は非常になめらかだ——雲底に吸い込まれるインフローの風速は相当なものだろう。対照的に、この雲の隣には降雨による下降流が存在し、明瞭に区別できる。ストームの中心を車で走っていれば、晴れ……雨……晴れ……雨……の領域を出たり入ったりできるだろう。こんな空を見たら誰でも運転をやめて眺めずにはいられないだろう。

雲の回転のみのストームのようなので（竜巻が発生する見込みなし）、距離を置いてできるだけ詳しく全体を観察する。ストームはぐるぐる回転し、西に戻ってきて大きな螺旋を描いた。雲底には少し突起が見えて、**竜巻が出来そうで、できない。**でも、これほど大きいと期待を裏切らない。

でも、
これほど大きいと
期待を裏切らない。

ついに
『インデペンデンス・デイII』が
やって来た。
風がだんだん強くなってきて
ストームの西側に食い込み、
頭上の送電線は
突風に吹かれて大きな音を立てる。

　スーシティへ近づくにつれて、スーパーセルはありえないような巨大なドーナツ型になっていった。**太陽がスーパーセルの下に来たときこの写真を撮った。私のお気に入りの一枚。**

さらにスーシティへ近づくと警報が鳴り響いていた。**スーパーセルが近づいているとき住民はどう思っているのだろう。**誰かが私のそばに来て「シェルターに入ったほうがいい」と声をかけた。私は大丈夫だと返事をして、さてどうしようかと考えた。ストームの先回りをして雹と風の具合を調べようとしたが、州間高速道路I-29を突っ走っていたとき、ストームの勢いが衰えて直線的になり、迫力がなくなってきたので、やめておくことにする。

NEBRASKA

……June 10

ネブラスカ州オガララ｜6月10日

エリック：ネブラスカ州スコッツブラフでゆっくり朝食を摂った後、発達しながらこっちへ逆戻りしつつあるスーパーセルを目指して東のワイオミング州まで車を走らせた。道路は最悪だったが、雲が発達し始めたとき美しい乳房雲が見えた。大きいが、雲底高度はかなり高く、次第に一個一個の房が切り取られたようになった。**それでも、美しい棚のような構造が眺められてよかった。**

ストームが衰えつつあるので、アライアンス付近の新しい積乱雲を目指して東へ向かった。無人地帯を突っ切る一本道があり、丘を曲がりくねると新しいセルを発見。

近づくと竜巻にそっくりなアウトフロー先端で生まれた上昇流が見られた。

私たちは腰を据えて
ストームの中に入った。

　ストームからのアウトフローの風速が急に強くなったので、私たちは腰を据えてストームの中に入り、珍しい雹が見られるかもしれないと考えた。風速は時速約75キロメートル（45マイル）で、ときどき約90キロメートル（56マイル）の突風が吹くので、マイクがこの突風を伴ったストームを追い始めるまでは、切り上げようと思っていた。

マイク：ワイオミング州南東部からやって来るストームは大荒れというほどではなかったが、強い後方側面下降流（RFD）を有しており、埃がひどく舞い上がった。私は埃が舞い上がるのが好きなので、わくわくした。

下層大気の湿度が高くなかったので、激しいダウンバースト〔積乱雲からの強い下降流。地表付近で爆発的に発散する部分をアウトフロー、その先端をガストフロントと呼ぶ〕になる。降水は蒸発し下向きの気流が強化される——ストームの雲底の晴れた雲間に強い下降流が見える。埃が柱のように巻き起こったので、猛スピードで南西へ移動する。

私は埃が舞い上がるのが好きなので、わくわくした。

ストームはさらに埃を巻き上げて、州間高速道路 I-80 周辺は大荒れだった。ストームはもの凄い速さで道路を通過するが、通行中の車両が片側に停止してストームの通過を待とうとしないのはどうしてだろう。トラックが目の前から消える。セミトレーラーが吹っ飛ぶ。

私はここでストームを待ち、飛んでくる埃を写真に撮りたかったが、事故があった模様なので交通渋滞に巻き込まれるのは避けようと思い直した。安全を確かめてから、埃の雲を横に見つつ州間高速道路を猛スピードで東へ走った。ストームの勢いは極めて強く、高速道路を最高速度で走っても動きを完全に掌握できない

オガララに近づくにつれてストームの勢いは衰えるが(少なくともプレーンズの基準では)、ひじょうに強い風が前方へ埃を舞い上げながら東へ進む。私は必死に追いつこうとする。

私はじりじりと前進し、ついに東側から大きい全体像を捉える。

ひじょうに強い風が
前方へ埃を舞い上げながら東へ進む。
私は必死に追いつこうとする。

刻々と印象的な光景が強まっていく。私は高速道路の出口を見つけ、再びストームに追いつかれる前にその全体像がつかめるような場所を探す。

良い場所を見つけ、ストームの姿を正確に捉える。棚雲の真上にこのような対流があるのは素晴らしい。今春、プレーンズでは追跡活動がしにくかった――2006年は一年を通じて困難だったが、このストームは悪くない。

LENNOX SOUTH DAKOTA ......June 24

サウスダコタ州レノックス｜6月24日

エリック：８時間にわたってサウスダコタ州を突き抜けた猛烈な破壊力のストームを追跡。竜巻60個分以上の破壊力――それに甚大な被害――が域内で報告された。回転する巨大なスーパーセルがユタ州のセンタービルを通ってサウスダコタ州レノックスへジグザグに向かっているとき、スコット・ブレアと私は11個から13個の竜巻を捉えた。３時間以上にわたり、新しい竜巻と漏斗雲の家族（群れ）が発生した。

　センタービルの南南西約13キロメートルに回転する巨大な壁雲が見えた。かなり勢いを増して多重渦竜巻が地上にとどきそうだ。私は車を止めて待ち構えてなどいられず、この見事なメソサイクロンの行方を見ようと、眺望のきく地点を探して猛スピードで車を走らせながら撮り続けた。

　センタービルの北東数キロメートルの地点で猛烈な回転から高気圧性の漏斗雲（通常のサイクロンの逆向き〔北半球では右回り〈時計回り〉〕）など複合的な漏斗雲が湧き上がっている。このストームは本気だ。

このストームは本気だ。

非常に大型の竜巻がデブリ雲を巻き上げながらタッチダウン。確実に被害が出るだろう。この辺り一帯では家屋が完全に巻き上げられ、北の小さい町では建造物が破壊され大きな被害が出た。

道路の反対側を見ると、ストームの端に新しいメソサイクロンができている。**これがタッチダウンすると同時に竜巻が二つできる。双子竜巻だ！**

たいへんなことになってきた。私たちはストームを追い続けるが、その間にこのセル（積乱雲）から新しい漏斗雲が広がり、やがて四つ目の竜巻が降りてきて地上付近でとぐろを巻いている。普通なら竜巻が一つでもたいへんな出来事なのだが、今日は風景を眺めながら農家でも数えるように「ううむ……あっちにまた一つ」とうなる始末だ。

多重渦の一つが道路を横切って送電線を破壊したらしい。被害にあった道に出ると人々が木片を拾い上げ道路を整頓している。電力会社が送電線を点検中なので、その周囲では安全に注意しなければならない。

少し車を止めて道路の掃除を手伝うが、ストームは続いている。**六つ目の竜巻が多重渦の中ででき、回転している。**ストームのヴォルト〔強い上昇流のため降水がなく、“丸天井”と呼ばれる〕の真下にいたときには見えなかった構造がここからは捉えやすい。

　弱い七つ目の竜巻が通り過ぎて行き、ストームは西から東へ進行方向を変えて私たちといっしょに田舎をジグザグに進んでいる。多重渦の領域では比較的弱い八つ目の竜巻が発生し、次いでかなり強力そうな九つ目の竜巻が突然（右に）降りてきた。八つ目の竜巻は勢いを蓄えて九つ目とほぼ同じ大きさになる。私たちはレノックスの南東約８キロメートルの地点にいるが、**レノックスは二つの強力な竜巻に襲われそうだ。**

　道路は封鎖され、警官は「赤と青の閃光式信号装置を持っていなければ」通してくれそうもない。時には通してくれることもある――何といってもストームチェイサーは監視者でもあって、私たちは国立気象台に報告し、警報を出す作業に協力している――だが**ストームが危険そうだと気象台は神経を尖らせて竜巻警報を発する。**私たちは長い回り道を選び、ガソリンを補給し、空が暗くなり始めたころに再びストームを捉える。

すでにレノックスは停電しており、新しい竜巻は周辺に被害を与えているが、雨が降っているので私たちの居場所からは良く見えない。大型の竜巻が私たちのいる町へ向かいつつあるという情報があり、**巨大スーパーセルが襲いかかろうとしているときに高速道路へ入るのは危険だし**、ストームにのみこまれているので、避難のためスーフォールズへ向かう。

LIMON COLORADO ……June 2

コロラド州リモーン｜6月2日

マイク：リモーンの北西に到着した直後、地表付近の水蒸気が大量に流入して形の崩れたスーパーセルは急速に変化し始め、埃を巻き上げ、上空では雲が北西になびいて上昇気流が発生。ゆっくりと後方側面下降流（RFD）のノッチ（V字状の切れ込み）が現れる。セルの下の雲行きが怪しくなり、RFDと中心部は激しくストームを包み込み始めた。追跡目標は……

巨大なRFDがあって中心部では激しく雹が降っている――これがついに動き始め、まもなくリモーンで大暴れするだろうから、私は先回りして様子を見届けようとする。

ストームの勢力が拡大することを考えて、あとで車の給油に困らないように、リモーン市の警報が鳴り響き回転草がストームのいる北西にころがっていく間に市内で給油してしまう。**ストームはもう上空にあって猛威をふるいつつある。**

追跡目標は……

マイク：ストームと距離を置こうとすぐに南東方向へ移動したので、ストームの姿をある程度見ることができる。北東のリモーンの方を振り返ると長いビーバーテイルが東へ伸びている。ストームの接近に伴い、瞬く間に回転するちぎれ雲の壁ができ、すごい速さで地面に降りてくる。あっという間に凝結した雲が、草をたなびかせながら私の方に忍び寄って来る。

エリック：エイモス・マリオッコやデイヴ・フリックと一緒にいる。期待できそうに見えたストームが衰えたとき、リモーンの北西の方角で新しいセルが発生する。私たちが到着したときには猛烈なスーパーセルに発達し、州間高速道路I-70沿いでは野球のボール大の雹が降っているとのこと。真っ直ぐ前には素晴らしい構造があり、巨大なビーバーテイルが東に伸びている。

短時間で消滅する弱い竜巻があると連絡を受けたが、このセルは雲の全体構造を捉えるのが一番なので、東に居れば側面から広角で見続けられる。こういう構造を見るのは竜巻を見ることと同じくらいわくわくするもので、撮影のために胸を躍らせてストームから遠ざかる。こんな風にはっきりと皿を積み上げたような形は珍しい。

セルは南東へ向かうように見えたが、急に東へ方向転換したことをレーダーが示している。南東の道路の方がはるかに良さそうだが、今となっては選択の余地はなさそうだ。

撮影のために
胸を躍らせて
ストームから遠ざかる。

マイク：方向転換は大失敗だった。形ができつつあるセルを追って無人地帯の砂利道を40分間セルに並走しなければならない。とはいえ、セルはとんでもない構造で、私はその一画にいるのであまり心配していない。中層には二つの雲のバンドが、低層には東へ移動した一本のバンドが認められる。

エリック：見事な光景を見てうっとりしていたが、ストームは衰え始め、これ以上発達する兆しも見えない。南の方で別のストームが生まれている情報を聞いたので、キットカーソンで美味しい地方料理を食べ、様子を見ることにする。

マイク：結局セルの北東に当たるサイバート辺りまで行ったが、雲の構造は消えかかっていた。少し前にエリックたちと一緒だったエイモス・マリオッコに話しかけると、一行はセルから離れて南へ行ったとのこと。さて、どっちへ行ったものやら。別の選択肢がどうなっていて、どのくらい離れているか分からず、また追跡中のストームが態勢を立て直すこともありそうなので、そのまま続行することにする。**私の一存で決める。難しい決断で時間的余裕はなかった。**南の方角に振り向くと荒れ模様の雹嵐の中心部が高速道路を呑み込んでいた――決めた。私は東へ向かい、ストームの神様が私に微笑んでくれることを祈る。眉をひそめるかもしれない――とにかく、いずれ分かる。

小屋のそばにいる2頭の馬はストームを恐がり、近くに落雷があると狂ったように走り始めた。

ストームは最盛期を過ぎてアウトフローが卓越する。直径25ミリ程度の雹が当たり、だんだんそれがひどくなった。私は馬が気になっていた。馬は小屋の脇で身を庇おうとしている。ストームは地面の埃を舞い上げて西へ拡大していく。**また、かなり帯電し始め、近くで大きな落雷があった。**しばらくここから動けないが、東へ行かなければならない。

方向転換は大失敗だった。

全速力で東へ移動中だが、セルは消滅しそうである。ストームの新しい部分はカンザス州グッドランドの北東へ向かっており、急げば先回りできる。今度こそストームの真下に行きたい。私はガストフロント（突風前線）が埃を巻き上げてくる直前に到着し、その日の写真を撮り終える。

私は「スーパー８モーテル」の外でストームの下に座っている。

急げば先回りできる。
今度こそ
ストームの真下に行きたい。

エリック：キットカーソンで食事中に電気がちらちらし始める。ということは――チェイサー特有の反応――風または稲妻で送電線妨害が起きていると考えてデータをチェックする。案の定、近くで動きがあるので食事を中断して再び行動開始。おかげで低降水型のストームが見られた。上昇流に沿って理髪店の紅白の看板柱のようなものが見えた。

その晩、コロラド平原の対流の様子を見に再び立ち寄った。ここは無人地帯で何の物音もしない。**やや不気味で静かな環境の中、遠くで星が輝いている。**

オーロラ

太陽の比較的低温部では強い磁気活動を伴う黒点が生じ、大気中に激しい爆発が起きて太陽フレア、すなわち、コロナ質量放出（CME）〔太陽活動に伴い太陽から惑星空間内へ突発的にプラズマの塊が放出される現象〕が引き起こされる可能性が強い。太陽から地球へはつねに太陽風の流れがあり、地球の大気は私たちから離れたところで荷電粒子をはね返しているが、地球の大気から出られずに北極か南極へ押し流される粒子もある。オーロラが地球の高緯度でよく見られるのはそのためである。太陽フレアのパルスエネルギーは粒子を閉じ込める可能性を高め、その結果とくに南半球の高緯度でオーロラが見られることがある。

オーロラは荷電粒子が約100キロメートル（62マイル）上空の大気圏内のさまざまな元素と混じり合って光を放出するときに生まれる。窒素は赤、青または紫、そして酸素は緑や赤に見える。とはいえ、ひじょうに複雑で発生原因や発生過程は未だよく分からない。CMEが起こるとNOAA（海洋大気庁）は記録するが、だいたい24時間から36時間にわたって地球に衝突する。

私は上空の華麗なショーを捉えようとしており、オーロラは稀にしか見られない素晴らしい光景を生み出すので、当然私の仕事の延長上にある。オーロラはストームではないが（建前上は太陽「嵐」、または磁気「嵐」だが、まったく別物）、大気現象に携わるほとんどの人間はオーロラに興味を惹かれるようだ。ストームチェイサーの多くがオーロラを捉えようとしないのは失敗する可能性がストームよりもはるかに高いからであり、翌日仕事があるならば夜間活動は避けたいからだ。私は前兆がなくても何時間も待ち続けることがよくある。午前2時ごろやめるとその1時間後に起こったりする。私はオーロラのために遠出したいと思ったことはなく、必要もなかったので、ここにあるオーロラはネブラスカ州ブレア付近で見たものだ。

オーロラの色は、肉眼で見るのと撮影された写真とでは大きく異なる。裸眼ではよく見えなくても写真が見事な色彩を捉えている場合がある。北極光（ラテン語で“aurora borealis”「北の曙光」の意）の動きには不気味さと感動を覚える。

2004年　2004年11月に初めてオーロラを捉えてとても嬉しかった。それがきっかけでオーロラへの正しい認識を深めた。私はその年の春に仕事を辞めていたので、その年の活動費用には困らなかったが、お金はどんどん消えていった。ところが、11月に私のサイトのこの２枚の写真が大勢の人たちにダウンロードされたために、気乗りのしない再就職をしなくて済んだ。

光のショーは夜空を緑一色に染めて（左上）次第に薄れていった。数時間後――真夜中近く――もう一つのピークが生まれつつあったので再び外へ出た。今度は非常に近くに見え、地表からもあまり離れていなかったので一段と強い感動を覚えた。町の北にあたるアパートの上にオーロラを見る場所を造った。午前１時40分頃にはピークに達し、地平線上に展開される現実離れした出来事のただなかにいた。高速の蒸気の閃光が頭上を南へ移動する光景はまさに圧巻で、霧のようなカーテンが時速1,600キロメートル（1,000マイル）で波のように動いていく（右上）。さあ来るぞ……この壁の赤色はひじょうに強くはっきり見える（対向頁）。

高速の蒸気の閃光が頭上を移動……
時速1,600キロメートルで
波のように動いていく。
さあ来るぞ……

2005年　5月のこのオーロラ（左上）は最大級の磁気嵐で生まれ、等級はG5と最高だった。日曜日の午前2時半ごろまで長い時間続いた。すべてキャノン EF17-40 レンズを用いて、ISO400、大部分F 4、17ミリ、10秒から30秒の露出で撮った。

　オーロラの赤色（右上）は緑色の部分よりも動きが少ない傾向にあり、壁のように現れるか、光の柱のように動き回る。最高の映像を撮ろうと午前2時半に両親の家の屋根の上を這い回った。ここに見える青紫色（対向頁）はとりわけ珍しい。父も私と一緒に光のショーを楽しんだ。

最高の映像を撮ろうと
午前2時半に
両親の家の屋根の上を這い回った。

2006年　この撮影は確かに大失敗だった。前の晩、私は午前４時ごろから何かが起こるかもしれないと思い、退屈しのぎに長い露出で車や空の写真を撮りながら待っていた。オーロラの撮影には何時間も座り続ける必要があるということが分かっているので、前もって特に車をきれいにしておいた。愛車の写真はたくさん撮ったが、オーロラはまったく収穫がないまま午前８時に就寝。

眠った後でついにコロナ質量放出（CME）が地球に吹きつけたが、明るかったのであまりよく見えなかった。午前11時30分に短時間目覚めたときはよく見えたが、夜までは続かないだろうと思った。午後１時30分に起きたときは雲が出始めていたが、問題はこれ以上雲がかからずにいてくれるかどうかだった。暗くなり始めると雲はゆっくり消散したが、よく見えないので、目には見えにくい空の光を捉えるために早期警戒装置としてカメラを使った。カメラの映像を見て驚いた私は、友人に大声でそれを知らせながら北へ向かって飛び出した。

見えているオーロラは前のオーロラ（上）よりもかなりかすんでいるので、ISO800のシャッター回数を増やした。磁気嵐の初期段階でBz成分は南まで移っていなかった。前回見たときほど南へ広がっていなかったとはいえ、私のいる緯度でも十分に見え、雲の合間からの眺めも素晴らしかった。

この写真（対向頁、左上）を撮ったとき大空を流れ星が横切った――フレームの左上に流れ星の尾が見える。この時は両親と妹も一緒で、天体ショーが終わらないうちから驚きの声が上がっていたが、私は果たしてカメラが捉えることができたのかどうかが気になっていた。これまでで最高の流れ星で、わずかにその姿を捉えることができたのは嬉しかった（対向頁右上、および対向頁右下）。

午後８時ごろに川下に見えた美しいオーロラはゆっくりと色あせていった（対向頁、左下）。

両親は帰ったが、友人たちが空を見ようとやって来た。流れ星はひじょうに活発でその夜は50個くらい見えたと思う。

GRAND ISLAND NEBRASKA ......May 10

この日は最高の追跡ができた。

ネブラスカ州グランドアイランド | 5月10日

マイク：この日は最高の追跡ができた。竜巻を捉えることができればそれは何物にも勝るが、今回は竜巻以外すべてのスーパーセルに伴う見事な構造を捉えることができた。**こういうストームは五感を激しく揺さぶる。**風、雲の形と変化、雷光、そして音、これらすべてが途方もない体験をもたらす。大勢の仲間たちと追いかけるのも楽しい。

この日はどういうわけか車と相性が合わなかった。乗ってから、外へ出ようとして車体に後頭部をぶつけた。心配ご無用、強くは打たなかった。車に戻ってものを移動させた後で、何とまた同じことを繰り返した。今度は気を失いそうになった。少し頭がふらつくのでしばらく歩いて様子をみた。だが、それで終わりではなかった。

途中停車地のコロンバスを目指して走り、モーテルの駐車場で WiFi〔無線 LAN の規格の一つ〕を使ってデータを集めた。衛星通信では良さそうな場所が二カ所あった。一カ所は南西のグランドアイランドの近く、もう一カ所は私のいる場所のすぐ南東である。頭上の積雲を見ると「まったくダメ」そうで、状況はすぐに変わらないので、コロンバスの南にいる仲間のランディ・チェンバレンに会いに行った。このときまた車とがちん。今度はドアに足を挟み、足全体に痛みが走った。ううっ！　つま先の感覚がなくなり、今度も歩いて痛みを紛らわせた。

頭上の積雲を見ると
「まったくダメ」そうだった。

竜巻を見に出発してスティーヴ・ピーターソンとJ・B・ディクソンと合流。数時間前には消えそうだった積雲が意外にもそびえ始めた。グランドアイランド方面がよさそうなので私たちもそちらへ向かう。途中、グランドアイランドで竜巻警報が出たとの情報を聞くが、まだ中間地点あたりを走っていたので先は遠い。**私は携帯電話でスティーヴにチャップマンへの道順を教え、途中には線路があり列車が多いはずだがどうにかなるだろうと伝えた。**近づくにつれて列車が私たちのそばを南東方面へ走っているのが見える。チャップマンの踏切で停止のめにあわないためには、車を飛ばして列車の先を越さなければならない。列車は時速88キロメートル（55マイル）程度と見たが、私たちは列車より速いので大丈夫だろう。**突然セミトレーラーが前に出てきて、列車が近づくのにもたついている。くそっ！**

なぜか**トレーラーのドライバーが気分を変えて道を譲ってくれたので、**その前に出たが、踏切の遮断機が点滅しているので踏切近くの道の角で引き離した。私たち3人は遮断機が降りる前に踏切をくぐり抜けたが、後から来るJ・Bはぶつかりそうになった。**スリル満点！　ストームもそれらしくなってきた。**

RFDが埃を舞い上げている。うなったり、止んだりしながらストームへのインフローは強くなる。**きれいなビーバーテイルができかかっている。**

一晩中私たちを悩ませたRFDの埃から全員で逃げる。

わずかな照明で周囲が明るくなるので、この写真はF4.0で５秒間露出しただけで暗闇でも実際と同じくらい明るく撮れているが、ISO感度は400に上げている。

太陽が沈んだ直後のように見えるが、実際は沈んだ後で、夜である。シャッタースピードを遅くして稲妻を捉え、ストームの構造を撮る。これ以降の写真は、ほとんどがF7.1、ISO感度100、露出20秒間で撮影。

太陽は30分前に沈んだが、シャッター時間を長めにしたので、地平線を明るくするのに十分な光があった。光線は車のヘッドライトである。

露出は長くないものの、この写真からはストームの構造がはっきりと分かる。**気が付けば……なんと！雲底からもう一つ強いCG（対地雷撃）が発生。何てすごいストームだ！**

発達中のbow（弓型の構造）の尻尾を捉えるために、私たちが車列の前、ランディが後ろになってオマハ（ネブラスカ州東部）へ走行中に、**時速96キロメートル（60マイル）以上の風が吹き、州間高速道路の南側の樹木が薙ぎ倒されている。**

道路の反対側から突然枝が飛んでくる――長い間大気中を飛んでいて今落ちてきたにちがいない。**なんて日だ！**

HILL CITY, KANSAS

……June 9

ほぼ一日中
この巨大なストームを
追いかけていた。

カンザス州ヒルシティ｜6月9日

エリック：私とスコット・ブレアはカンザス州コルビーシティを目指す。ここの風のシアと不安定度はスーパーセル発生に好都合だ。地上の低気圧とドライパンチも格好の条件に見える。カンザス州北東部では積乱雲からのアウトフローの境界が発達して南西へ移動し、ヒルシティを通過したばかりだ。幸先は悪くない――早いうちから思ったより漏斗雲に近づいたが、少なくとも何枚かは良い写真が撮れるだろう。ところが、そのすぐ後で乱暴な運転のために映像が撮れていないことに気が付いた。それでも、この日二つのスーパーセルを捉え、追跡の醍醐味を味わい、素晴らしい光景を目にした。

マイク：ほぼ一日中この巨大なストームを追いかけていた。**追跡を楽しんではいたけれど、最後には緊張疲れでモーテルの部屋で休みたくなった。**

　カンザス州ヒルシティを目指して東に移動中に大きな雹が降る。大きな壁雲が発達してきて竜巻が生まれそうだ。

　ヒルシティまで東約２キロメートルの地点へ来たとき、雲底から竜巻が急速に発達しているのが見える。巨大で猛烈な竜巻になり東へ、北へと移動しながら驚くような動きを見せる。

エリック：危ない目に遇って動揺しているが、幸いストームから得られるものは多いし、このストームはまだできたばかりだ。ストーブの煙突型（stovepipe）の竜巻が大量の埃を巻き上げ、北からは激しいインフローが流れ込み、尾のような雲が連なっている。

竜巻の周囲では雨が降って勢いが失われているが、私たちの方へ向かって来る。**危ない目に遇うのは一日一回でたくさんなので少し後退する。**

危ない目に遇って
動揺しているが、
幸いストームから
得られるものは多いし、
このストームはまだできたばかりだ。

雲底に猛烈な回転がある――この写真（左）の右へ――ので、いつ竜巻が生まれてもおかしくないが、驚いたことに最初の竜巻は再び組織化し、ストームの左、すなわち南側に力を集めながらタッチダウンする。

この構造はただもう素晴らしい！

エリック：竜巻は私たちがいる道路へ近づきながら次第に大型になり、どちら側へも偏ることなく真っ直ぐにやって来る。再び私たちに照準を合わせている——私たちが竜巻の気分を損ねたのだろうか。遠い響きがだんだん轟音になり200～300メートルぐらいに近づいて来てやや怖気づいた。このまま真っ直ぐに進んで約2キロメートル先のヒルシティが襲われることを心配しながら、すぐに逆方向に逃げる。

遠い響きが
だんだん轟音になりやや怖気づいた。

　カンザス州パルコの北で瞬く間に新しい竜巻が二つ生まれてタッチダウンした。一つ目の竜巻は白い象のような形で動きが激しく、二つ目はトウモロコシのような形になった。

マイク：このストームは竜巻をぐるぐる巻き上げる完璧な構造になり、私は見とれていた。写真は巨大なストームの北側だけを撮影したものだが、あまりの凄さに息を呑んだ。

初めて脅威を感じた。
ストームは道路上にいる私たちをめがけて
突進してくる……
こちらへ来るのが
道路工夫たちに見えるだろうか。

降水による下降流のためストームは再びバランスを崩した。ありがたいことに進路を南に変えてヒルシティを外れるが、私の方へ向かって来る。雹も気になり始めたので後退することにした。時間と余裕のあるうちに逃げていればよかったが、一車線の道路が工事のため通行禁止になっていたのだ。初めて脅威を感じた。ストームは道路上にいる私たちをめがけて突進してくるし、ちょうど南西に巨大な壁雲ができている。こちらへ来るのが道路工夫たちに見えるだろうか。竜巻の速さと進行方向の微妙な変化に気づかないと死者が出かねない。

見事なストームでわくわくする追跡だったが、心底疲れ切っている。雨が激しいので私のアングルからでは写真を撮れないし、ビデオカメラは湿気でショートした。ウーム……

マイク：ストームの真下から逃げ出して写真が撮れる地点に辿り着いた。17ミリ広角レンズで撮影すると実物よりも遠くに見える。

この新しい竜巻は猛烈に速く、形は美しいが、またもあまりに近すぎて不安になり再びストームから後退。三番目の竜巻が起こり急速に東へ進んでいるので、ストームがすぐ後ろから迫る中をストックトンに急行する。古い劇場の一部が壊れていて、この町はひどくやられたようだ。

接近して来る竜巻に２時間ほど振り回されてくたくたになり、モーテルを見つけて休みたい気持ちだったが、少し南下してストームをかわし、竜巻が西へ戻っていったので、警報が出ている新しいストームのことを調べようと考えた。**ストームの勢いが衰えたのでやや安心。ヘイズにある「スーパー８」に部屋を取って休息できるだろう。**

エリック：二つの新しい竜巻は初めは大きく見えたが、レインシャフト（rain shaft）によってぼやけ始めたので、南下して別のストームを追いかけるために、無線で経過を知らせてくれているエイモス・マリオッコのところへ行くことにする。後から思えば、**初めのストームはその後も成長を続け素晴らしい形になったので、**そのままとどまる方が良かったかもしれない。南へ通ずる道路は泥だらけのひどい道で運転しにくいが、目の前の光景はがっかりさせなかった。新しいストームは見事な形をしていて、数個の大きな竜巻が生まれている。

ODESSA NEBRASKA ……August 10

一も二もなく出発する気になった。

ネブラスカ州オデッサ｜8月10日

マイク：クレジットカードのガソリン代の請求額を見て気が滅入る。活動を始めた当初は1ガロン（3.8リットル）当たり1ドル20セントだったので余り気にならなかったが、昨今はとても気になり始めた。追跡活動でどのくらい走るものだろう。2005年から記録を取り始めると28,800キロメートルを越えた。

ネブラスカ州南東部での追跡に的を絞ってみる。前の晩にガソリンの値段を調べると2ドル70セント！　高いという気がしたが、どうしても追いかけたいし、タンクは満タンに近いので、ブレアのガソリンスタンドの値段は少しおかしいと思ってそのまま飛び出した。3時間半後、コザードで再び給油に立ち寄った。3ドル20セントもした！

この日はひどく時間を浪費している気がする。中心部へ通じる一車線の州間高速道路で渋滞にあった。良いことは、このストームが衰えたことだろう。今日はこれで終わりか。中心部を貫くことができると道路がすいていてストームの先に出るチャンスがある。もう一度あるかなと思って車を高速道路のわきに寄せる。ウーン……まんざらでもなさそうだ……

急いで車を片側へ寄せてこの光景を撮る。ネブラスカ州の中央部から西部にかけて未舗装の路肩は要注意だ——どうして「砂丘」と呼ばないのだろう。

竜巻どころかスーパーセルの可能性さえないが、赤く輝くこの光景を見ると４時間も運転して来た甲斐があると感じる。

疲れたし、だいぶ遠くまで来た。今日はこれでやめにしようと思って当然だ——私ももちろんそう思う。だが、なぜか南へ行きたくなり、オデッサで脇道に逸れてグーテンバーグ方面へ行く。猛烈なストームのことが耳に入り、これは何かあるかもしれないと思った。竜巻警報が出ていて、アウトフローが卓越している。車を止めてストームが東に移動する様子を眺める。

全速力で東へ進むストームに遅れないよう急ぐ必要がある。気流の上昇が止み、ストームはその構造が崩れ始め棚状になって、雲内放電の稲妻が何本も見える。

はなかったが、とても美しい光景を捉えられたので、8月のストームにしては上出来だった。午前中、4時間かけて戻るのは大変と思っていたが、そうでもなかった。

2005年の活動

3月30日　912 km
4月11日　592 km／4月18日　653 km／4月19日　912 km／4月20日　866 km／4月21日　1120 km
5月7日　976 km／5月8日　410 km／5月10日　523 km／5月11日　869 km／5月12日　410 km
5月17日　960 km／5月21日　404 km／5月24日　584 km
6月2日　1761 km／6月4日　856 km／6月7日　846 km／6月8日　872 km／6月9日　778 km
6月10日　1122 km／6月13日　936 km／6月20日　1088 km／6月26日　1171 km／6月27日　664 km
6月28日　832 km／6月29日　1062 km
7月2日　568 km／7月22日　1104 km／7月23日　320 km
8月9日　326 km／8月17日　1122 km／8月20日　198 km
9月12日　973 km／9月18日　576 km／9月24日　358 km
10月4日　264 km
11月12日　520 km／11月27～30日　611 km

www.ncar.ucar.edu

雹《ひょう》

ストームの追跡中に美しい雹を観察できることがある。不透明で柔らかい雹もあれば透明ですごく硬い雹もありサンダーストームの中でどのようにしてできたかで形も大きさも変わる。大きいほど印象は強いが、雹粒子そのものや hail shafts（降雹）も面白さの一つである。雹についての科学的説明は183ページをご覧いただきたい。

アメリカで最大の雹が降った記録としては2003年６月22日にネブラスカ州オーロラでのものがあり、直径17.75センチで、重さが750グラムあった。ヘイル（雹）ストームの後では珍しいクレーターができる。

大きな雹は時速160キロメートル（100マイル）以上で落ちてくるので甚大な被害が出る。雹に打たれて死者が出ることはめったになく、海洋大気庁（NOAA）気象データセンターによれば過去100年間で４件知られているに過ぎないが、牧場、農業、家畜などの被害は大きく、毎年の保険金の額は数百万ドルに上る。

多くのストームチェイサーは降雹を避ける。とくに野球のボールやソフトボール大の雹が報告されたときや、誤った方向からストームに接近したときはすぐに諦めて切り上げるほうがいい。車の窓からは外が見えなくなるし、車にへこみが出来たり、塗装がはがれたり、フロントガラスが壊れる場合がある。

先の尖った形の雹は非常に珍しい。ストームの内部で発達中に粒が回転し始め、水滴に遠心力が働いて凍結する過程で外側に引っ張られるとできる。アイスストーム（暴風雪）の中を運転しているときに、タイヤ表面の水滴に起こる現象と似ている。屋根の縁にできる氷柱《つらら》のように鋭くとがった形になる。言うまでもないが、ストームの中ではこういう危ない雹に遭遇しないようにしたい。

雹が降っていると雨 rain shafts よりも白っぽく見えるので、hail shafts は遠くからでもその場所を特定できる。しかし雹の大きさは近くに行かないと分からない。

雹の密度は千差万別だが、雹が地面をすっぽり覆って春の日を雪嵐の日のように変えてしまうことは稀ではない。

雹は落下する力でその一部が地面に埋まることもある。巨大な雹でなくても地面に小さな穴があくことはある。

2006年５月５日にテキサス州西部のセミノールでは激しいサンダーストームがゆっくりと通過した後に、一面がテニスボール大から野球のボール大の雹で覆われた。これほど密度が高いと必ず家屋に大きな被害が出るし、私たちの車のフロントガラスはもちろん、他のストームチェイサーの車の窓もやられた。

2003年４月５日、テキサス州ウッドソンで激しい雹が降った。竜巻のストームを追いかけていたときソフトボール大の雹が降ってきて後部ガラスが割れた。車外に出るのはとても危険だったので車内で止むのを待った。道路一面が氷と雹で埋め尽くされたので、ストームを追いかけることができず、巨大な雹の被害を受けたグラフォードの町を眺めてから被害箇所の手当てをして体を拭いた。後で、空から落ちて即死したらしい一羽のペリカンを発見し、野生動物の被害を思い知ることになった。

竜巻のストームを
追いかけていたとき
ソフトボール大の雹が降ってき
後部ガラスが割れた。
車外に出るのは
とても危険だったので
車内で止むのを待った。

なんと!
南の方で雲が
勢いよく湧き起こっていた。

HIGHWAY 77 OKLAHOMA ……July 2

オクラホマ州ハイウェイ77号線｜7月2日

エリック：７月になったのでもうストームを追いかけることはないだろうと思っていたが、スーパーセルができる条件は揃っているので——大気がかなり不安定で、停滞前線に沿って下層では急激な風のシアが存在——家で仕事をしながらレーダーを注視していた。午後６時、洗濯をしていたとき、レーダーに微かな雨のエコーがあったので裏のドアから外を見た。なんと！　南の方で雲が勢いよく湧き起こっていた。降水があれば追いかけようと考え、手早く支度をしてどうなるか様子を見にでかけた。

南へ向かいながら、オクラホマ州バイアーズの真北で野球のボール大の雹に降られた。いくらか溶けていたが、それでも直径5.7センチから７センチはあって先が尖っていた。

ストラットフォードに近づくとセルが猛烈な勢いで回転を始めていて見事な壁雲が見えた。遠くから全体を見ようとして南下を続ける。

　回転はなお勢いが非常に強く、次々と凝結したちぎれ雨が急速に上昇気流に入っていくので、**竜巻ができるのではないかと思った。**皿を積み上げたような形のメソサイクロンになり、発達するその様子をハイウェイ 77 号線から眺めるのはいいものだ。

　形が崩れて典型的な低降水型（LP）スーパーセルになる。見事な構造のセルではないが、**弱体化して徐々に消えるところに夕陽が当たって美しい。**追いかけたのは２時間半程度だった。走行距離もわずか 64 キロメートルだったが、素晴らしい光景が見られた。いつもこんなふうに簡単だといいのだが。

いつもこんなふうに簡単だといいのだが。

幸いこの段階では
だいぶ弱くなっているが、
それでも強い衝撃だった。

HEBRON NEBRASKA ……May 24

ネブラスカ州ヘブロン｜5月24日

マイク：追跡の日だというのに寝過ごしてしまった。することがあるのは分かっていたが、なぜか午前11時半まで目が覚めず、目覚めてすぐにパソコンに向かった。ストーム予測センター（PDS）から目標地域に「特に危険」の警報がすでに出ており、もう出かけていなければならない時間だった。慌てて身支度をして南へ向けて出発した……

途中、リンカーンのすぐ南で竜巻の被害を目撃した。PDSによる竜巻危険区域の中の、２日前に被害のあったところを走行する……2004年ネブラスカ州の出来事である。

エリック：メソサイクロンの竜巻が私たちからみて東へ進み、西にランドスパウト（陸上竜巻）がいくつかできて、ストームに向かって埃を巻き上げている。

マイク：このランドスパウトを眺めるのに一生懸命で、自分たちの背後と頭上で何が起こっているのかに十分な注意を払っていない。私たちの真上で竜巻が起こり、強風と舞い上がる埃に20秒間ぐらい巻き込まれた。幸いこの段階ではだいぶ弱くなっているが、それでも強い衝撃だった。

エリック：ヘブロンの東80キロメートルの地点で待機しているとき、東に竜巻が発生したことに気づくが、私たちの西には非常に危険との警報が出ているので竜巻を追うことを躊躇う。**気持ちが揺れ動いて東へ行ったり西へ行ったりを繰り返す。**結局、西へ行くことにする。そこではドライラインと温暖前線が交差している。

ヘブロンの東32キロメートルの地点に達した直後に竜巻が生まれて急に回転を始める。私たちは急きょ西へ向かうが、最初に見つけた竜巻がはるか遠くに見える。

漏斗雲がどんどん発達して円錐形になり、茶色いデブリ雲を引きずりながらゆっくり東へ移動する。

ランドスパウトを眺めるのに一生懸命で、
自分たちの背後と頭上で
何が起こっているのかに
十分な注意を払っていない。
私たちの真上で竜巻が起こり、
強風と舞い上がる埃に巻き込まれた。

ランドスパウトは再び私たちのいる西の方へ動いて来る。今度はさらに近く、その威力は大きい。埃は雲底高度の半分以上まで舞い上がってから落ちてくる。薄いシルクのドレスが地面にすべり落ちるような変わった動きだ——変わった譬えかもしれないが、そんなイメージを思い浮かべた。北東にもう一つ竜巻が生まれ、**同時に三つの竜巻がタッチダウンした！　面白い日になるだろう！**

いちばん近い円錐形の竜巻から目を反らさないようにしつつ、ストームの側面に出ようとする。竜巻はロープ状になって南へ向きを変え、私たちの方へ戻って来る。急に時速約80キロメートル（50マイル）もの強風が吹き始めたので、行動にうつる前に、うずくまって竜巻が消えるのを待つことにする。

ロープ状の漏斗雲は私たちの目の前で迷走した挙句に、180メートルほど離れて行く。近づいて来たら東側の雹を避けるために西へ逃げるつもりだったが、針のように細くなり、北にある大きい竜巻に吸い込まれた。私たちはこの竜巻をよく見られなかったが、マイクは首尾よく捉えた……

マイク：この最大級の竜巻が地面に激しくぶつかる。

漏斗雲は崩壊を始めたが、相変わらず埃を巻き上げている。デブリ雲が不思議な動きで埃をさらに上空へ舞い上げ、爆発の連続のようだ。もう少し近づけたらいいのだが。

このストームは長続きした後に衰えていった。最後の竜巻は勢いが弱いが、近いのでじっくり眺めることができる。

この最大級の竜巻が地面に激しくぶつかる。

エリック：カンザス州のハイウェイ81号線へ出て最後の竜巻に追いつき、大急ぎで近づく。

デブリ雲が接近するのを待つが、竜巻の勢いが衰えて、竜巻を移動させるだけの十分な風もなくなり、二つに分裂して消滅。地元の人たちの何人かが私たちのいるところへ竜巻を見に来たときには警報は鳴り止みつつあった。

追跡はここで終わり「サイクロン・レーン」を走行。**いつかこの標識のそばで猛烈な竜巻を捉えたい。**

マイク：高速道路上で竜巻が見事な紐の形になっている。走行中の人たちでさえ頭上で起こっていることを知らないのではないだろうか。

　ストームを追ってさらに東へ走る。ストームは地表付近では発達が止まったように見えるが、まだ構造をしっかり保っている。

マイク：ガストフロントが私の頭上を通り過ぎ、太陽がフランキングラインの下で輝き始めた。この光景はただそれだけで美しい。たびたび落雷がある。稲妻があっても気にせずに外にいたが車内に戻る。ストームを追って東へ。ストームの構造はまだしっかりしているが、地上付近は収まってきている。そろそろ引き上げることにしよう。

帰り道、トピカ付近までスーパーセルが近づき今にも竜巻になりそうだ。**私は後を追うかこのまま引き返すか迷った**が、帰宅途中でこういう核爆発のような形状を見ることができたことだし、今日はこれで切り上げることにする。

この光景は
ただそれだけで美しい。

ALVO, NEBRASKA

......June 13

ネブラスカ州アルヴォ｜6月13日

確かに64キロメートル南に
巨大なストームの前触れがあった。

マイク：父と用事を片付けて午後４時頃帰宅。上空のジェット（気流）がネブラスカ州南東部まで南下することは知っていたが、大気がひどく不安定になるとは想像もせず、その日は何もしないつもりだった。帰宅するとランディ・チェンバレンからその地域に竜巻警報がでているとの知らせがあった。私には「何 !?」という感じだった。

確かに64キロメートル南に巨大なストームの前触れがあった。**私は大急ぎで車に飛び乗り出発**……

州間高速道路上でストームに呑み込まれそうになるが、燃料補給に立ち寄らなければならない。スティーヴ・ピーターソンからウェイバリー付近を襲った竜巻を見たかと聞かれていた。見たこともないようなストームだったそうだ。**スティーヴはいつでも物事を控えめに言うので、相当な凄さにちがいないと思った。**自分の目で見てみると、彼が言いたかったことが分かる。何てヤツだ！

私は車を脇に寄せ、この凄い野獣をビデオに収めた。ビデオでは私が「うそだろ」と呟く声が10回くらい聞こえる。

南へ追いかけている間にストームはどんどん凶暴化している。私はカメラを構え、こわごわと窓に顎を載せる。

ストームは猛烈な勢いで回転する。雷の音が轟くが稲妻は見えない。そばで小鳥のさえずりがし、ストームが近づくにつれて、音色が変わり、ついに止む。その後もときどき小鳥の鳴き声がするが、きっと「えらいことになった」と言っているのだ。

ストームの中央部の“割れ目”が下層で二つに分裂した。これがRFD（後方側面下降流）であり、周りを覆いながらストームの後部が切り離された。閉塞域では複数の小さくて一風変わった竜巻が急速に回転し始めた。

この竜巻の発達のしかたはひじょうに珍しい——**分裂した一つの渦なのか、または二つの渦が互いに交差しながらお互いの周りを回転しているのか分からない。**RFDが竜巻の前後を行き来している。周辺部に雨が降って竜巻は消滅。レインバンド内にはまだ回転が見える。私はストームが頭上に来るのを眺めてから、見失わないようにしつつこの場を離れる。こいつの速さを完全にみくびっていた——車は時速112キロメートル（70マイル）で東へ走っているのに、RFDの雲は私を追い越して行く。

車は時速112キロメートルで東へ走っているのに、RFDの雲は私を追い越して行く。

RFDがセルを粉砕。RFDはセルを追い越し、ストームを維持できなくなり、そこで垂れ込めている。写真左上のストームの先のちぎれた雲に注目されたい。

ストームは南東へ向かいほぼ消滅する。

ストームが大方消滅したので、テレビ局に連絡してその日の映像を持ち込むことにする。オマハへの中間地点で爆発的な気流の上昇に気づく。これは消滅したストームの名残だ。**猛烈な勢いが消えてから1時間も経たないうちに勢いを盛り返すものなんて見たことがない**が、すでに再度、竜巻警報が発せられている。私は出発したとたんに、暗くなるまでに着けないのではないかと心配になるが、テレビ局は映像を待っていた。高速道路上で、この珍しいストームの第二の人生から目を離さないようにする。

夕方にアルヴォで珍しい形のストームを見た後、ネブラスカ州ブレアに戻り、**午前4時になってもまだ寝ずにこの棚状のストームを見る。**とても疲れたが、一日にストームを二つ見たのだからつべこべ言うまい。アパートの灯りと長い露出時間のために野原が光って見え、妙に現実離れした情景になっている。

O'NEILL, NEBRASKA ......July 12

一連の圧倒される
スーパーセルを見た。

ネブラスカ州オニール | 7月12日

マイク：ネブラスカ州では7月に南へ移動するスーパーセルが見られるが、発生時期はなかなかつかみにくいし、大きなスーパーセルができる条件の裏付けもない。しかし、この日は一連の圧倒されるスーパーセルを見た。

私はネブラスカ州とサウスダコタ州の州境のスペンサーの北西約3キロメートルの地点で、竜巻ができそうなスーパーセルをたっぷり30分間眺める——**野球のボール大の雹が降っている。**この時大きなストームが近くに二つあり、両方を注視している。南にある方がやや期待がもてそうである。

私が追い越したオニールのストームから分裂して離れた領域とその中心部、それに、**巻き込まれそうになって間一髪で逃れたオニールのストームの中心部**とともに、興味深い領域が三カ所ある。

ストームは発達し始めたばかりなので、今後どうなるか分からないままにオニールの南東部を走行中である。分裂した部分が今離れてきたばかりの北方のストームに合流する過程に注目されたい。

追い越したばかりのオニールのストームの中心部は大荒れで、野球のボール大の雹が降っている。ストームを振り返って見ると、激しい気流の上昇が見られる。上空の風は、はるか南のここでは思ったほど強くはない。でも、いつこの風が南から南西の境界に達するかには関心がない。ストームの南の対流の方に関心がある——どちらへ進むのか、もう一つのストームに沿って南東へ進むのではないか……ちがった！

サンドヒルズの無人地帯の砂利道を１時間ほど苦労して走った後、巨大なオニールストームの南側の新しい上昇流域に到達。この対流が北側のストームを塞いで呑み込もうとしているので運転中の視界は最悪だ。降水に伴う冷えた北からの気流のおかげで、新しいストームの東西の境目がはっきりと分かる。合流点はここだ。ストームの高さは上空20,000～21,000メートルに届きそうだ。

今はほぼ停止状態にある。私はビデオに切り換えて一つの地点からすべてを撮影する。もちろん最高の背景が明るい竜巻である。**砂塵の旋回（dust whirl）は初めてだ。こいつはほんとにデカイ！**

どちらへ進むのか、
もう一つのストームに沿って
南東へ進むのではないか……
ちがった！

東西方向にインフローが入る領域はたいへんだ。ストームはすごい勢いで回転し、東側にはインフローの壁が伸びている。

とぐろを巻いた竜巻が急速にできている。この竜巻は最後までだいたいこの状態だった。幅が広がって私の居る場所でもいくらか雨が降り出して来た。竜巻は５分以上ほぼ定常状態で留まっている。

雨が降り出し、広範囲にわたって大雨となる。**どこかこの辺に破壊された家が２軒ある。**

私は竜巻に正対し、西に新しい竜巻が発生したら急いで南下するつもりである。

竜巻が方向を変えるに伴って、私も最初は南南西のつもりが南よりになり、次いで東へとあちこち進路を変える。ハイウェイを時速110キロメートル（70マイル）以上で走行中の私を上空で竜巻が追い越そうとしている。私はネブラスカ州ノースループの南東にいるが、**何という怪物になったことか！**

ついに道路脇へ車を寄せて眺めるチャンスがくる。西を眺め……北を見る。怪物だと言ったとおり、雲頂は空一面を覆っている。

ハイウェイを
時速110キロメートル以上で
走行中の私を
上空で竜巻が
追い越そうとしている。

WSON

乳房雲

乳房雲は竜巻が接近しそうなことや、空が荒れそうなことを知らせると言われているが、それは誤解である。乳房雲はふつう激しいサンダーストームに伴うかなとこ雲の雲底に発生するが、ストームばかりでなく、あらゆる雲で起こる可能性がある。写真は激しいサンダーストームと結びつく乳房雲であり、普通はもっとはっきりしている。

サンダーストームのかなとこ雲の下側には大きな温度勾配、水蒸気勾配、そしてウィンドシアが存在し、湿ったかなとこ雲と周囲の乾いた気塊は分離されている。かなとこ雲の主体は氷晶であり地表へ落ちる。乳房雲が発生するのは、落ち始めの段階で氷晶が昇華し、綿でできた球のような形になるからだと考えられる。観測頻度がきわめて少ないので、発生のメカニズムはまだ正確には分かっていない。

乳房雲は15分から1時間以上続くことがあるが、一度できた丸い突出部は10分程度で消えて、かなとこ雲から次々に新しい突出部が発生する。それぞれの突出部は直径250メートルから900メートル以上あり1,000メートルを越える場合もある。

夕陽が当たると乳房雲はひときわ美しい。太陽が沈むにつれ低くなった太陽光がサンダーストームのかなとこ雲の雲底を照らし、灰色の空を赤や金色に染め、個々の丸みを帯びた突出部が周囲と合わさって陰影をつくる。乳房雲が最も美しい表情を見せるのはこの時である。

FALLS CITY NEBRASKA ......June 26

ネブラスカ州フォールズシティ｜7月26日

マイク：私の５メガピクセルのSony dsc-F707は当時かなりリスクの高い投資だと思ったものだが、きちんとしたスチール用カメラを手に入れておいて良かった。今まではビデオカメラに記録して来たが、経験を積むにつれ解像度の高いカメラで捉える方が良いと思うようになった。スチール写真の撮影にはまだ自信がなかったが、新しいカメラを手に出かけてみると確かにうまくいった。幸いデジタルカメラは扱いが非常に楽だ　結果をすぐに見ることができるから　撮影した写真を見て、カメラに1,000ドルを費やしたのは無駄ではなかったと思った。

１時間ほど上空の雑然とした雲を眺めていた。湿気の多い大気はストームの前触れのようだ。私の居場所から南西の方角にちぎれ雲の塊が次々に現れてきていて、そこがスタートする境目だと考えて南へ向かった。ストームは私を待ってはくれず、途中で大きな落雷（CG）があった。今までこれほど近くで数多くの落雷に遭遇したことはなかった。スチール用カメラとビデオカメラの操作は難しく、落雷に驚いて最初のうちビデオ撮影がうまくいかなかった。

雲は急速に私の方へ流れて来る
頭上を通り過ぎる――
私はその場に釘づけになる。

車を止めた場所はセルに近すぎたかもしれないが、夕陽に美しく彩られた雲を堪能したい一心からだ。雲は急速に私の方へ流れて来る——頭上を通り過ぎる——私はその場に釘づけになる。

雲から何度も稲妻が走る。おそらく100メートルと離れていないだろう。

中層でもくもくした漏斗雲が
上昇流をくるみ始め、
セルは一段と現実離れした形になってくる。

中層でもくもくした漏斗雲が上昇流をくるみ始め、セルは一段と現実離れした形になってくる。これほど大きく孤立した漏斗雲のイメージは現実にも映像でも見たことはない。

太陽が見えなくなるとさらに不思議な光景が繰り広げられた。漏斗雲が崩壊しながらストームの激しい対流に呑み込まれている。雲底に向けて流れ込む暖気が冷やされ、新たな雲ができて、上昇したり消えたりしながら東へ流れる。

MOSQUERA NEW MEXICO ……June 3

ニューメキシコ州モスケラ｜6月3日

見事なストームらしきものから
激しい勢いで降ってくる
25セント硬貨大の雹を浴びた。

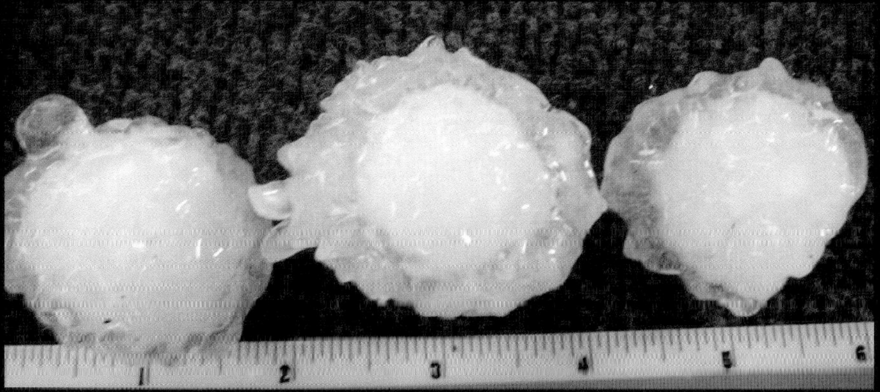

エリック：2003年6月はこと追跡活動に関してはとんでもない月だった。私はジェフ・ローソンとスコット・ブレアとともにニューメキシコ州北西部へ向かった。そこでは大気の不安定な日が数日続き、追跡にふさわしい日が4日あった。この辺りの道路は最悪といってよく、山脈地帯は非常に寒いものの、景色は変化が多くて爽快だった。

ニューメキシコ州北西部の目標に向かっていたとき、見事なストームらしきものから激しい勢いで降ってくる25セント硬貨大の雹を浴びた。

さらにその先で5センチぐらいの尖った雹を拾った。

尾根の頂からストームの南東側の信じがたいような構造がよく見えた。

私たちは尾根を下ってその全体像を超広角レンズに収めるためにさらに南東へ向かう。ストームの下の降雨は消えて、独特の釣鐘状雲が垂れ込めた堂々たる低降水型（LP）になる。**ニューメキシコ州のこの辺りの風景はそれは素晴らしく、**私たちの他に誰もいないので、この荘厳な景色を独り占めにした。

ストームはほぼ静止状態でゆっくりと漂っているので、私たちは座ってこの珍しいセルが発達していく様子を眺める。下層の暗い雲に細い筋が溝をつくる。これは激しく回転し雲底で大気の流れがあることを示し、ユニークなコルクの栓抜きの形になっている。猛烈なストームではないが、**構造に不足はない。**

まだ回転しているが、次第に衰えて形が失われつつある。

最初のストームが消滅するとき北側に新しい構造ができつつある。かなり高所で、最初のストームよりも勢いはないが、待っている価値はありそうだ。

私たちは稲妻を捉えようと長い間待ち、長時間の露出で2本を捉えた。これをもってニューメキシコ州で低降水型（LP）を追いかけた日をみごとに締め括る。近くのトゥクムカリで宿をとったが、刑務所が改装されたような感じで寝覚めも悪そうだったので、お金を返してもらってテキサス州アマリロへ戻り、まずまずの宿に泊まる。

美しい乳房雲が空を縁取り、セルの最大の目玉になる。

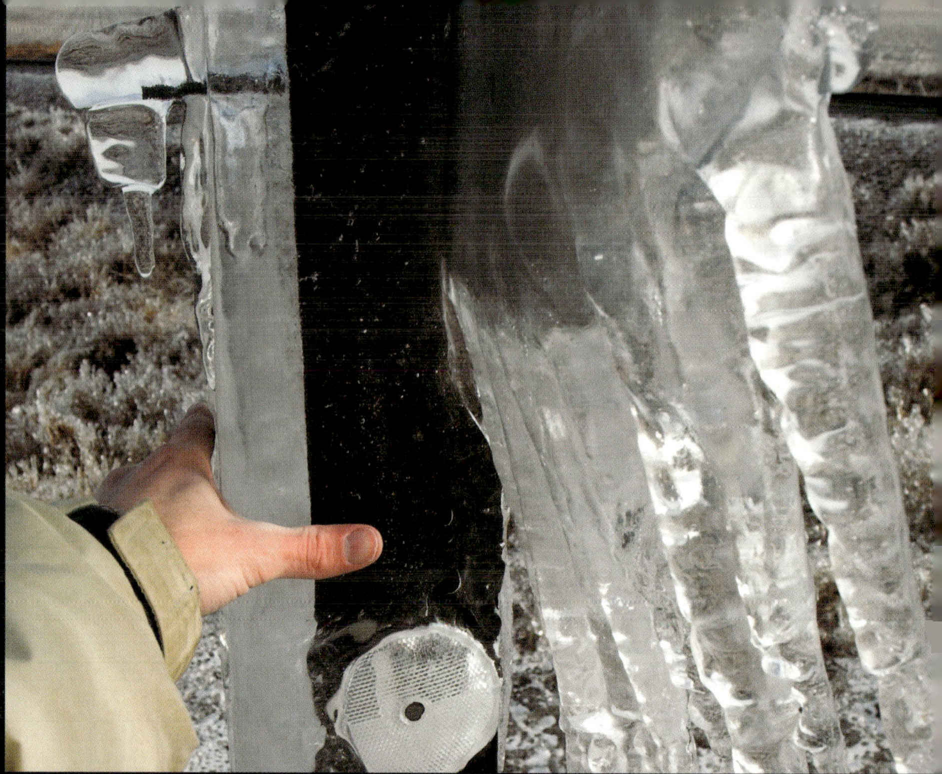

BRIDGES
MAY BE
ICY

ネブラスカ州コザード一帯で冬のストームを追いかける

2006年12月29~31日

活動時期を外れても捉えたいストームはあり、吹雪も楽しい。ネブラスカ州の私の住む地域では、今年は吹雪が期待できそうになかったので吹雪が予測される西へ向かった。目的地に近づくにつれて霙《みぞれ》が激しくなってきたので、まず部屋を取ることが先決だ。着氷性の雨や霙の中で宿がないのだけは御免だ。翌日は、走行中に霙に降られて難儀した。その上、天気が悪化して猛烈な吹雪が吹き荒れてきたので再び宿に留まる。

翌日はすっかり穏やかな、太陽が輝く晴天。帰り時だと思う。しかし、帰途、母なる自然が少しばかり氷まじりの雨を降らせたのは意外だった。さらに東へ行くほど氷が厚いことに気づく。道路が滑りやすいので車は脇を走行している。強風で車の後部が滑りやすい。カーニーのガソリンスタンドに立ち寄ったとき、硬い氷にすっぽり覆われた木の枝があった。信じられないことだ。

しばらく歩いていると、丈の長い草が折れているのを見かけた。初めは砂利道が凍っているのかと思ったが、地面を蹴ってみると氷で覆われているのは草地だった。樹木から小さな氷の粒が落ちて、小石ほどの大きさに凍結している。

カーニーの状態は相当ひどく、誰もが右往左往しているのでここから出ることにする。給油したいのだが、スタンドはどこも閉まっているか、長い列ができているので、ケネソーまで行くことにしたところ、途中、道路の両側の送電線がプツンと切れていた。先に行くほど氷は厚くなる。壊れた柵も多く、牛がうろついている。まごついているのだろう。一人の男性が「いったいどうなってるんだ」と言いたげに私を見ている。

主要な送電線も倒れている。太い金属製の送電線であるにもだ。数キロメートル先でも状況は変わらず、ネブラスカ州だけではない——コロラド州とカンザス州も大きな被害を受けた。この歴史的なストームの結末は私の目には非常に美しく映るが、悲惨な側面もある。被害の修理費に何十万、何百万ドルと必要なことは明らかで、多くの人々にとっては大災害にちがいない。

ATTICA, KANSAS ……May 29

雲底が激しく回転する徴候を見せて、
漏斗雲が現れる。
あぶなく見過ごすところだった。

カンザス州アッティカ｜5月29日

エリック：最も大事なのは追跡目標を定めることだが、世界中のストームの動きに関する予測の知識と経験のすべてを駆使してもなお、神のご慈悲に頼るしかないこともある。場所に関しては勘が大いに役立つことが多いので、つねに敏感に選択の余地を残しておく。この日は何か起こらないかと２時間ほどカンザス州の空を眺めていたのだが、レーダーはつねに私たちの北と南の三州にまたがる地域に竜巻性のストームがあることを知らせていた。最も近いのは160キロメートルほど離れたオクラホマシティ付近にあるストームで、できるかもしれないが、マーフィーの法則〔「失敗する余地があるなら失敗する」に代表される経験則〕に従わねばならなかった。つまり、私たちが向かった途端に期待していたストームが消散するかもしれないということだ。結局オクラホマシティのストームはたいしたことはなく私たちの忍耐力が功を奏した形になったが、いずれにせよ運次第ということだ。

何時間も待ってあれこれ考えた末に、新しい目標を探しに出発しようという段になって、そのストームにRFDの切れ目が見え、雲底が激しく回転する徴候を見せて、漏斗雲が現れる。あぶなく見過ごすところだった。

私たちの北に位置する回転の雲底に細い漏斗雲ができたので、**車に飛び乗って猛スピードで向かう。変化のない泥道をしばらく走り、見晴らしの良い場所を探し求めて農地へ入る。**撮影の準備が整うが早いか漏斗雲が壮大な姿を見せて、**初めてタッチダウンした。**

その時、地上付近の竜巻が太陽に照らされて先端が金色に輝き、大量のデブリ雲が現れたとき、農地の干し草の俵が砕け散った。近くにストームがあると必ず強い風の音がするものだが、**このストームの場合は妙に現実離れしていて、とても静かで、小鳥のさえずりまで聞こえる。**遠くで渦巻くストームを見ていなかったら大気に異常があるとは思わなかっただろう。

　竜巻は猛烈な勢いで地表を移動する。今まで見たことがないくらいの長さだ。非常にゆっくりと——まず北東へ、次に停滞したまましばらく回転しているように見えながらゆっくりと西へ漂い、木々の間を抜けながら何度か捻じれる。草木を根こそぎにする威力は、テーパー構造〔先細になっている形状〕を崩壊させる。

　竜巻がカンザスの赤土を舞い上げるにつれて、デブリ雲が奇妙な色調を帯びる。

何であれ、かなり大きくて、
漏斗雲からすごいスピードで
飛び出している。

驚異的な形はそのまま続いていて、地上では相当な威力であることは確かだ。竜巻の左側に小さい点が見えるが、樹木か、あるいは大きい木片ではないかと思われる――だが、はっきり分からない。何であれ、かなり大きくて、漏斗雲からすごいスピードで飛び出している。

竜巻から目を離さずに東へ追っていくが、ストームはビデオゲームのように私たちの進路に障害を放ってくる。最初は川にかかる橋が危険のため閉鎖されたので、西へ引き返した。次にクリスタルスプリングスの近くで落ちた送電線のために通行止めの憂き目にあう。

ストームの構造はものの見事に発達し、視野を広げると、上昇流は完全に閉塞し、そこから離れた竜巻はロープ状になって回転する力があることを示している。漏斗雲の軸のまわりに輪があるように見える。

とうとう竜巻は青空で針のように細くなって消えた。**地上に存在したのは24分間であり、**道路から外れる前に竜巻の姿をほぼ全て収められたのはうれしい。

息をつく間もなく南東の方角に**新しい竜巻を見つける。**北にも一つありそうで、最初の竜巻が消滅したときに発達したものにちがいない。

新しい竜巻まで約3キロメートルに近づいたが、すでにV字状になって埃をまき散らしていた。**デブリ雲に妨げられたくないので、**見やすい場所を求めて東のアーゴニアの町へ急いだ。

町に近づくと、竜巻は上空に伸びていたが、そこから組織化し始めた。

間もなく竜巻は大きな円筒型になる。私たちは1キロメートルほど東に発生したもう一つの竜巻を追いかけるために出発する。左端の写真は0121UTC（世界標準時）に竜巻が北へ移動するときにほぼ真東に見て撮影したもの。アーゴニアの西約2.5キロメートルの地点である。0130UTCには竜巻はアーゴニアの北東でV字状になり雨を降らせながらゆっくり北へ移動していた。そして0149UTCには消散した。竜巻は52分以上、おそらくは60分近く寿命があった。

急速に遠くで大きな円筒型になったが、しだいに雨に包まれ見えにくくなった。

急に突風が吹いてきた。頭上に新しい竜巻ができたのだ。形ができ始めたところなので勢いはないが、とにかく気になった。

急に突風が吹いてきた。
頭上に新しい竜巻ができたのだ。

私たちはタッチダウンした新しい竜巻を追うことにする。周辺には誰一人いないので、**近隣一帯に脅威が及ぶ場合を考えて**、何度も**911**〔緊急電話番号《警察・消防・救急車呼び出し》〕に竜巻の動きを知らせた。

この竜巻がロープ状になって消えかかったとき、遠くで新しい竜巻がV字型に発達している。慌てていてどちらへ行くべきか迷う。

見事な竜巻がいくつも見られたし、
幸いストームはゆっくり移動した。

　四つ目の竜巻が衰え始めてストーブの煙突型になると、五つ目の竜巻ができて同時にタッチダウン！　遠くに細い漏斗雲が見える。地上に同時に二つの竜巻があるのは珍しく、私はなぜこれほどストームチェイスが好きなのかを思い起こした。暗くなり周囲が見えにくくなってきたので、今日は終わりにした。見事な竜巻がいくつも見られたし、幸いストームはゆっくり移動したのでその動きをたくさん捉えられた。帰途、アッティカやアーゴニアは２週間前にも猛烈な竜巻に見舞われていたことを知った。今日の天気はうれしくないだろうな。

COIN, IOWA ……August 26

避難警報が出ると
私みたいな人間が集まって来るというのは
おかしなものだ。

アイオワ州コイン｜8月26日

マイク：シーズン終盤になったが、最後のスーパーセルは８月のアイオワ州としては見事なもので、2004年を締めくくるにふさわしい。

　レーダーに現れた二つのスーパーセルを追いかけアイオワ州南西部へ向かう。オマハのチャンネル６は時速160キロメートル（100マイル）の風が吹くと報じ、次いで私が目指す地域に竜巻警報を発した。避難警報が出ると私みたいな人間が集まって来るというのはおかしなものだ。

　もっと南では、分裂した雲底の左側がまず見え、さらにその南のストームから離れて左へ移動するスーパーセルを目撃する。ストームの中心部へ入りつつビデオカメラを回し続ける。州境のネブラスカシティに近づくと州間高速道路が非常に危険な状況になっている。人々は橋の下に停車して雹を避け、様子を見ているようだ。私にはメソサイクロンと荒天がどちらへ進むのか分からない。車がその後ろへ入るのは御免こうむりたいところだが、きっとそうなるだろう。

風が非常に強くなってきた。このビデオは実際よりもはっきり見えるが、それは私の左側のトラックに守られていたからである——そばへ行くまで風で押し倒されたセミトレーラーは見えなかった。**総じて、交通は混乱していて走りにくかった。**救急車がセミトレーラーに向かっているかどうか911に確かめると、現場に急行中であり、負傷者はいないとのことだった。

州境の道路を過ぎるとアイオワ州の南西の端を取り巻く丘陵地帯に出る。**丘を越えるたびにジェットコースターに乗っているような気分にさせられて運転がおもしろい。**セルから竜巻が発達するのが見えて、走行中にタッチダウンするが、丘の頂に出ないとまともには見ることができない。

東には非常に強いRFDをもつ新しいメソサイクロンが見える。

遠くで竜巻ができるが、すぐにロープ状になって消える。

空にかなりはっきりした険悪な雲が現れて、見たこともないほど激しく回転している。**車を脇へ寄せて撮影する時だ。**

ストームの勢いは相当なもので、今すぐにでも竜巻が発生しそうなほどだ。竜巻はできなかったが、**発達するところを眺められたのはすごいことだ。**

セルは途轍もない構造に
変容し続け、
強いビーバーテイルができ

私は真北の荒天を眺めている。激しい RFD の後ろ側に当たり、かなり寒そうだ。南へ流れる雲は時速160キロメートル（100マイル）ぐらいだろうか。

回転はまだかなり強力で、窪みのある辺りで多重渦が踊るように動く。一帯ではこのストームの竜巻で住宅が被害を受け、なかには全壊した家屋もある。

一帯ではこのストームの竜巻で
住宅が被害を受け、
なかには全壊した家屋もある。

このストームの周辺一帯の道路事情のために、私は田園地帯を東から北東部へと走り回っていた。一帯にはまだ竜巻警報が出ていたが、セルはもう衰えつつあり、細長くなっている。

帰途、夕暮れの中で、消散しつつあるストームからのものすごい対地雷撃（CG）を捉える。**今日は野生動物もいささか驚いただろう**——道路で鹿２匹、犬１匹が目の前に飛び出してきたが、無事によけた。

MURDO SOUTH DAKOTA ......June 7

私はここで、
この小さいスーパーセルと
向き合う嬉しさをかみしめている。

サウスダコタ州マードー | 8月26日

マイク：一人、サウスダコタ州のバッドランズ付近にいて、数キロメートル先のストームの雲に向かって大声を上げながら飛び跳ねている。ちょっと前にこいつを見つけて変化する様子を見守ってきた。降水の兆候もあったが消えた。雲に向かって怒鳴るしかない。その効き目があった。さっそくセルの裏側に新しい雲が湧き上がり、希望が生まれた。

私はここで、この小さいスーパーセルと向き合う嬉しさをかみしめている。辺りに建物はなく、もう何時間も人影は見えない。大岩のようなセルの形が消えると、**ロープのような竜巻が降りてくるのがちらりと見える。今年の第１号――何ともいえない嬉しさだ。**

エリック：今回はへとへとになった。昨夜９時頃にテキサス州で活動を開始し、午前５時にネブラスカ州のモーテルに入った。案の定寝坊して、６時間も車から身を乗り出し、衛星から目を離さず、目的地の天気の変化を見ながら北へ向かった。

近づくにつれて無線でチェイサーのお喋りが聞こえてくるのでほっとした気持ちになる。ぎりぎり間に合って一行の動きを捉え、エイモス・マリオッコ、スコット・ブレア、そしてスコット・カレンズと合流して一緒に行動することにする。

底に漏斗雲ができて短時間地上にタッチダウンし、アブリ雲の後をロープ状の竜巻が追う。セルの底がかなり高く、降水が少ないのであまり期待していなかったから意外な嬉しさだ。竜巻が衰えると、ストームがギアを入れ替えたように、猛烈な速さで新しい形ができる。

マイク：セルの北東にあたるカドカ方面へ移動中に雲の左側に乳房雲ができ、レーダーが中心部を捉え始める。**雹が降り出すが、カドカで降ったという野球のボール大の雹に比べればたいしたことはない。**だが、ストームとともに東へ動き出した途端に大きいのが降ってくる。

だが、ストームとともに
東へ動き出した途端に
大きいのが降ってくる。

55

この新しいメソサイクロンを追って
北東へジグザグに進む。
何という構造だろう。

エリック：バッドランズ国立公園を通過中に北を眺めると、すでに閉塞したメソサイクロンから長い漏斗雲が発達しているが、**タッチダウンしたとしても付近には人がいないので分からない。**
　東の方角で新しい壁雲が動き出す。

　少し車を止めて20分程前に降った尖った雹を拾う。
　ストームは無人地帯を漂い、他に道路がないので壁雲の下を走って**側面からストームの通り道に必死について行く。**

　激しく回転する新しいセルについて行くと、オカトンという古いゴーストタウンをストームが通過しそうな兆しをエイモスが発見する。前方に大穀物倉庫の廃屋が見える。
　セルの側面でこういう渦巻はめったに見られない。ケルビン・ヘルムホルツ渦（私たちは「エディーズ」と呼ぶ）といい、実に美しい。まさに今日のハイライトだ。

マイク：この新しいメソサイクロンを追って北東へジグザグに進む。何という構造だろう。

発達中のストームを追って東へ行くべきだが、すでに夜になり辺りも暗くなってきたので、そうせずにマードーという小さな町でビデオを撮る。**さあ、ストームがやって来るぞ。**

ガソリンを給油したのに、ストームが町を襲うという時に車に戻らないなんて、俺はいったい何をしているんだ。

エリック：夜も更けてきたが、私たちは最高のシーンを捉えることができたので満足しているし、私はそろそろ止めにしようと思っている。近くに避難所があるので、ガストフロントが襲うに任せることにして、マードーのガソリンスタンドの隣で雹バーガーをパクつく。

DOW

予測

ストームを追いかける活動の半分は予測にあり、基礎を理解した上で前もって十分に天気パターンを注視していないと成功しない。追跡活動には金がかかる――ガソリン代、ホテル代、食事代、オイルやタイヤの費用などだが、予測を外すと時間と費用が無駄になるだけではすまない――真の損失はストームを捉え損ねたことへの腹立たしさにある。

ストームチェイサーが期待するスーパーセル・サンダーストームにつながる条件は、風の鉛直シアが十分なこと、大気が不安定なこと、そして対流初期の十分な上昇流などである。チェイサーには強いストームを予測するための自分なりの流儀があり、これは必ず当てはまるという形式はないが、時とともに新しい手法やパターンを学んで体得していく。使用するデータの出所は海洋大気庁（NOAA）や国立気象データセンターなど政府系サイトである。私はまず空の中層から高層にかけての大きな総観的特徴を調べてから、メソスケール的特徴が作用する地表へと作業を進める。予測作業は実施の1週間ぐらい前から始め、日程が迫ると猛烈なストームがありそうな地域を絞り込む。

目的地が遠くて当日の朝出発するのでは間に合わない場合には、前の晩に出発して宿を取り、早朝から開始できるようにする。活動する日の朝はもっともわくわくするものだ――天気をチェックして第一歩をどう踏み出そうかと考えながら、どんな一日になるかを予想して興奮と心配が交差する。

ストームの追跡

インターネットは欠かせないツールだが、追跡中にはパソコンが重要である。宿泊中の宿での接続から大平原を走行中に WiFi 設備を利用することまで、インターネットを利用すれば6分毎に更新されるレーダーで、ストームの流れに注視して目標を修正でき、またGPS（Global Positioning System：全地球測位網）で自分たちの現在位置を把握することができる。数年前まで「竜巻街道」では地図で位置を把握していたが、現在ではそういう面倒なことはしない。GPS は最も重要なツールになっている。知らない土地や道路に出くわすことはよくある。最大の危険は、ストームに襲われること以上に車の運転にあり、ことに関心が空に集中しているときが危ない。GPS のおかげで間違いなくルートの計画が立てられる。見たいストームの方向へ向かってルートを選んだり、強い風や竜巻を避けるために安全な避難経路を選ぶことも可能である。

もう一つ欠かせない装備は XM ウェザーレシーバーで、悪天候や竜巻の警報を発し、サンダーストームの中の竜巻性の部分はどこかを教えてくれる。

車の屋根に据え付けた天気用の計器類は私のパソコンのデータをふくらませてくれる。リアルタイムで気圧、露点、それに風に関するデータ測定が可能であり、得られたデータはデータロガーに蓄えておけば後で使用できるし、携帯端末にグラフとして示すこともできる。私は風速に注意を払い、関係部局に強風に関する報告をする。

私はアマチュア無線を車に設置している。これで他のチェイサーたちと交信もすれば、アマチュア無線SKYWARN 網〔国立気象データセンターのプログラム〕を通じて荒天に関する報告も行う。無線での通信が不可能なときは携帯電話に切り換える。

追跡活動にはもちろん予測やストームに関する環境測定装置すべてが欠かせないが、観察や観測の結果を記録することが目的なので、キャノンデジタル一眼レフカメラ D60は手離せない。

ストームの科学

チャック・ドズウェル

序

気象学を正しく理解するには数学や物理学の知識が相当程度必要ですが、この本の目的はそこにはなく、マイクとエリックの数々の写真が示すものを説明することにあります。こういう雲はどうして生まれるのでしょうか。激しいサンダーストーム（雷雨）とただのストームの違いはどこにあるのでしょうか。壮観な雲の形成は天気について私たちに何を教えてくれるのでしょうか。

サンダーストームはなぜ起こるのか

サンダーストームの原因を理解するためには、まず大気がどのように天気を生み出すかについての基礎知識をもって始める必要があります。最も重要なことは、世界の天気はすべて、太陽からもたらされるエネルギーが地表面に均等に分布されていないという事実に結びついています。熱帯では太陽は１年中ほぼ真上にありますが、極地方では太陽は冬の数カ月間はまったく照らず、夏は、昼は長いのですが太陽は地平線の近くにとどまっています。ですから、極地方は熱帯に比べて寒いのです。熱帯でも極地方でもない中緯度地方では、冬は太陽高度が低くて昼が短く、夏は太陽高度が高くて昼が長くなります。このために中緯度地方では季節により温度差が生じます。

熱帯が１年中暖かいとすれば、太陽の熱によって生ずる温度差は１年間で周期的に変わります。すなわち、極地方と熱帯の温度差は真冬から冬の終わりにかけて最大、真夏から夏の終わりにかけて最小となります。この温度差は上空（地上約16,000メートル）のジェット気流の主要な推進力にもなります。地球の表面のこの速い風の流れはストームには不可欠の要因ですが、そのことはあとで説明しましょう。上空のジェット気流は冬の間は熱帯に最も近く、最も強力です。夏の間は極地方に最も近く、力は最も弱まります。

春と秋にはジェット気流は冬よりは弱いかもしれませんが夏よりも強くなります。激しいサンダーストームが起こりやすいのは春と秋で、アメリカでは秋よりも春のほうがサンダーストームははるかに起こりやすくなります。春と秋が同じでないのは春から夏の間に生ずるすべての雷雨の累積効果と関係しており、これによって大気は春よりも秋のほうが安定します。

熱帯と極地方の温度差による副産物の一つが温帯低気圧（ETC）です。テレビの天気予報図ではしばしば低気圧を見かけます。図１はアメリカ合衆国を通過する三つの低気圧の衛星画像です。低気圧は熱帯と南北両極間の温度差からエネルギーを得て、北半球では、地球の回転の影響で反時計回り（左回り）に動きます。低気圧の動きで風が生まれ、南の暖かい空気が極地へ運ばれ、同時に北の冷たい空気が赤道地方へ運ばれます。この大規模な大気の流れによって熱帯と両極地方の温度差が減少します。温帯低気圧は膨大な熱量を運びます。

太陽は地表も暖めます。地表が暖められると地面に接する大気中に「顕熱」が発生します。顕熱は温度計で測れます。太陽が海洋を熱すると、熱の一部は水温を上昇させ、一部は海水を蒸発させます。誰でもシャワーを浴びて外に出ると、蒸発中の水分が熱を吸収することが分かると思います——タオルで水分をふき取るまで寒く感じます。この熱は蒸発した水に蓄えられていて、空気中に混じっている水蒸気という無色、無臭の気体に変化していきます。水蒸気に含まれる熱は「潜熱」といって温度計では測れませんが、空気中の湿度としてあらわれます。空気中に水蒸気が多いほど湿度は高いのです。大気中の水蒸気は積乱雲の発達に欠かせない要因です。

太陽エネルギーのほとんどは地表に蓄えられるので顕熱も潜熱も比較的低いところに蓄積します。この影響は明らかに夏が最も強く、冬には最も弱く、春と秋はその中間です。低いところに過剰の熱があるとき、コンロの火にかけられた鍋の中の水に起こる現象と同じように、空気をひっくり返して熱を上へ運びます。

これが上昇気流（サーマル）を生み、熱を低いところから上向きに運びます。サーマルとサーマルの間に挟まれたところでは気流が下降します。冷たい空気が下へ運ばれてサーマルの暖かい空気と入れ替わります。

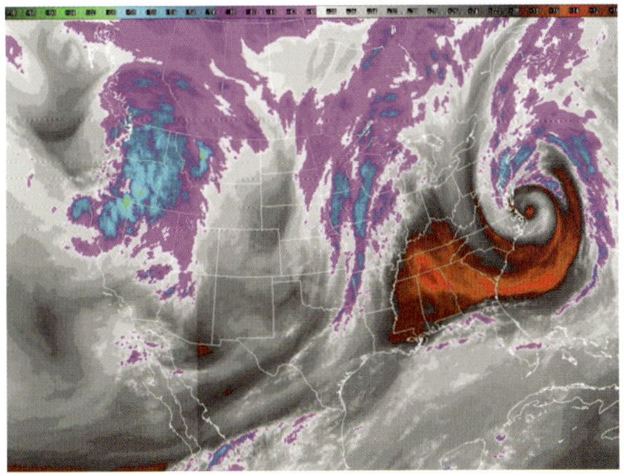

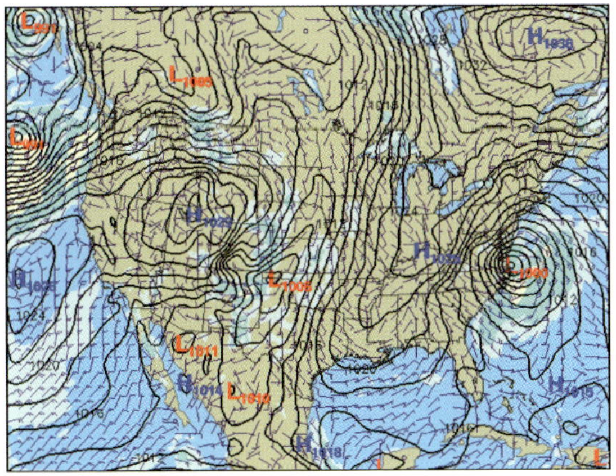

図1　三つの温帯低気圧の擬似カラー画像。一つの温帯低気圧がアメリカ合衆国の太平洋側の北西部に入り、二つ目はセントラルプレーンズを、三つ目は東部沿岸付近を通過中。

図2　地上天気図。図1に示された三つの温帯低気圧と関連する風と気圧を示す。風を表す矢羽は気流の方向と速さを示し、低気圧の中心（赤い「L」）の周囲では反時計回り（左回り）、高気圧の中心（青い「H」）の周囲では時計回り（右回り）。

その結果、大気に多少水蒸気のある日は〈晴天積雲〉になります。積雲は、上昇する暖かい気流のてっぺんを表しており、他方、積雲と積雲の間の冷たい空気は地表へ向かって下降し太陽のエネルギーで暖められます。このような過程で余分の熱が上空に再分配されます。

しかしながら、環境が整っていれば、この晴天時の反応は低いところの余分な顕熱と潜熱を素早く再分配するのに十分かといえば、そうではありません。そういう状況の下で晴天積雲より強い力が必要になります。それがサンダーストームです。

図３はサンダーストームのセル（積乱雲）の簡単なモデルです。積乱雲は上昇する〈塔状積雲〉とともに始まり、空気塊は雲内で上向きの運動（上昇流）、つまり地表付近の高圧部から上空の低圧部へと動きます。一般に、地球の重力によって空気は地表付近ほど密で、空気の密度は上へ行くほど下がります。空気は上昇すると圧力が低下するので拡散します。空気は拡散すると冷えます。缶入りスプレーのガスが拡散して冷たくなり缶そのものも触ると冷たく感じるのと同じです。空気が上へ向かうとき、低いところの空気はそこに流れ込みます。これをインフロー（流入）といいます。空気が拡散して冷たくなると空気中の水蒸気が凝結します——冷水が入ったコップの表面に水蒸気が凝結してコップの表面に水滴がつくのと同じです——それによって潜熱が放出されます。塔状積雲の雲底は上昇中の空気塊で凝結が始まる高さを示しています。雲の中で潜熱が放出されると、どの高さでも雲の温度は周囲の空気よりも上がります。熱気球のように、塔状積雲は浮力を得て、浮きやすい状態になります。

次の段階は積乱雲の成熟期（図３b）であり、強い気流の上昇と下降（上昇流と下降流）があって降水が始まります。降水は上昇する空気の水蒸気が凝結する

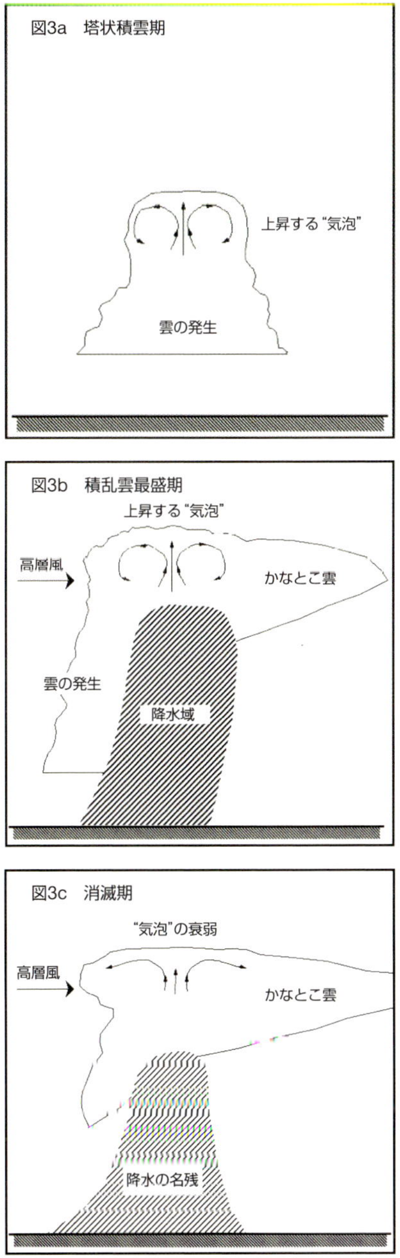

図３a, b, c　サンダーストーム「セル」の三つの発達段階。塔状積雲期、積乱雲最盛期、そして消滅期。

塔状積雲（TCU）

ために起こり――降水粒子は雲の中で衝突併合し、他の粒子を集めて大きくなり雲から落ちます。降水は落下しながら周囲の空気を引きずり下ろすので下降気流が生じます。雨が乾燥した空気の中に落下すると凝結した水は蒸発し始め、下降流の空気を冷やし、負の浮力として下降流の力が強まります。下降流は地表にぶつかって発散し、ストームからのアウトフロー（冷気外出流）が形成されます。アウトフローの先端はガストフロントと呼ばれ、ミニチュアの寒冷前線に類似しています。ストームの最盛期には、インフローとアウトフローの両方が見られます。アウトフローは一般に冷たくて水蒸気が多いので湿度が高く、地表に近いガストフロントのそばにはちぎれ雲が発生します。ストームのインフローがスムーズで一様な雲底を形成するのに対して、一般にちぎれ雲は乱れています。

上昇気流が対流平衡高度（EL）に達すると、空気塊の温度は周囲の大気とほぼ同じになります。さらに上昇すると〈オーバーシューティング・トップ〉〔かなとこ雲の平らな頂上部分からドームのように突き出た雲。上昇流が対流圏を押し上げて、雲頂が成層圏の高度に達する〕ができて負の浮力が生じ、ELの下に沈んでから拡散してかなとこ雲が発達します。ELの高さは時と場合によって異なりますが、普通は12,000～16,000メートルぐらいです。ここでは強い高層風が吹き、かなとこ雲は上空の気流とともに風下へ運ばれます。かなとこ雲は風で風下へ、また、上昇流の中心から外へ拡散します。

積乱雲の終盤では上昇流が弱まりますが、降雨は続きます。このとき積乱雲はしばらく下降流とアウトフローに支配されます。これがサンダーストーム・セルの消滅期です（図３c）。セルの内部で形成される降雨は雲が消えてからもしばらく続くことがあります。

一個のセルは発生から消滅まで20～40分間程度

積乱雲

アウトフロー

ちぎれ雲

かなとこ雲

で、空気塊が地表から雲頂へ達する時間と同程度です。

ほとんどのサンダーストームは20分から40分間続き、一つ以上のセルから成っています。時として、複数のセルがクラスター（積乱雲群）を形成することもあります。サンダーストームのセルはよくライン状に並びます。

激しいサンダーストーム

サンダーストームは、公式には次の一つ以上が当てはまったときに激しい（severe）と判定されます。すなわち、「直径２センチ以上の雹」、「時速93キロメートル（58マイル）以上の風」、または「竜巻」です。

一般に、強い上昇流が起こるとサンダーストームは激しくなり、大粒の雹ができ、下降流が強まり、この結果、地表面におけるアウトフローの速度が増します。もし雲自体が回転すれば、通常のストームではなく〈スーパーセル〉に変化します。強い上昇流が生まれる過程と下降流が強まる過程は必ずしも同じではないので、ストームが非常に強いアウトフローを生むのに上昇流は比較的弱いということもあり得ます。同じように強い上昇流があると必ず強い下降流があるとは限りません。強い上昇流と下降流を兼ね備えたストームもあり、そういうストームは豪雨（正式には severe の範疇に入らなくても）をもたらし、サンダーストームの重要なタイプのひとつです。

対向頁：スーパーセル　上：棚雲

〈ヘイルストーム（Hailstorms）〉

雹は必ず激しい上昇流と結びついています。氷の粒はストーム内の高高度で形成され、より大きな雹になります。ストーム内の上空では盛んに雹がつくられます。これは氷が溶け出す摂氏０度からマイナス40度の雲の中で起こります。この中間の温度で雲の中で凝結された水——摂氏０度以下ですが液体の状態です——は〈過冷却〉の状態で存在し得ます。過冷却水滴は氷の粒と触れた瞬間に凍結するので発達中の雹は即凍結します。しかし、雹粒が大きすぎて上昇流に乗れない場合は発達域を通過中に落ちてしまうので大きくなりません。雹の落下速度はどれくらいでしょうか。野球のボール大の雹は時速160キロメートル（100マイル）以上の速さで落下します——メジャーリーグの速球投手が投げる球ぐらいの速さ——つまり、それは上昇流が野球のボール大（直径７センチ）の雹をつくり出す強さをおおまかに意味しています。理由は分からないものの、激しい上昇流を有するすべての積乱雲が大きな雹を降らせるわけではありませんが、すべての雹は強い上昇流が生み出します（96ページ参照）。

〈ウィンドストーム（Windstorms）〉

地表における竜巻ではない猛烈な風は、必ずと言ってよいほど強い下降流から生まれます。強い下降流は〈ダウンバースト〉とも呼ばれ、負の浮力（冷たい空気が下降する）か、または強雨に引きずられる力か、あるいは両方が作用するときに生じます。強い下降流によって生じたアウトフローの先端であるガストフロントにはしばしばアーチ雲（アーク）と呼ばれる低い雲の列が立ち込めます。ストームチェイサーが棚雲と呼ぶ雲です。本書にあるとおりこの雲はいろいろな形をとります。アークはときには幾層にもなります――層状になる理由は、アウトフロー先端のガストフロント上をインフローが上昇する時の、空気中の水蒸気量の鉛直分布によると考えられます。アウトフローは鉄板の上に流し込まれたホットケーキの生地のように下降流の下に広がり、下降流が続く限りアウトフローは広がり続けます。アウトフローによって発生する風は、ガストフロントが下降流の近くにあるときは一般に非常に強くなります。たくさんのセルが互いに接近していると、アウトフローが合流して大きな冷たいアウトフローの領域が生まれます。

〈竜巻（Tornadoes)〉

竜巻はスーパーセル・ストームと結びついていることがとても多いものです。強い高度方向のウィンドシア（鉛直シア）があるところでストームが発達すると、雲自体が回転する積乱雲が生まれます。鉛直ウィンドシアは、風速および（または）風向が高さとともに変化するときに起こります。このような環境はさまざまな条件で生じますが、最も多い例は、北と南の間に強い水平方向の温度差があることで生じたジェット気流の結果として、温帯低気圧と結びついてストームが起こる場合です（178ページ参照）。そういう場合には高さとともに風速が増すだけでなく、風向も高さとともに急速に変化します。アメリカ合衆国のストームについて言えば、地表の南風は、熱帯とメキシコ湾の暖かい海で蒸発した水蒸気を含む湿度の高い暖気を運びます。さらに、ロッキー山脈の乾燥した空気は、地表上の南西風によって運ばれるこの下層の暖湿気の上を滑るように動きます。この乾燥した空気は暖湿気の上を動くところでは暖かいのですが、高くなるとともに急速に冷えていきます。さらに、高度が増して地上約16,000メートルのジェット気流の中心の高さに近づくと風速は強くなっていきます。

下層における風向の大きな変化など、強い鉛直ウィンドシアがある環境場では、その中で発達中のストーム内部で鉛直軸の回転が促されます。この積乱雲内の回転は〈メソサイクロン〉と呼ばれ、一定の条件の下で地上数百メートルの高さにまで成長してストームの中で上下に伸び、積乱雲の上から下まで全体が回転します。そのようなストームはスーパーセルになります。ただし、そのプロセスについては良く分かっていません。そして、スーパーセルの約20パーセントで竜巻が発生します。竜巻の大半はスーパーセルから発生します。竜巻が発生しない場合でも、ほとんどのスーパーセル（約95パーセント）は激しい大気現象を生みます。

しかしながら、メソサイクロンを持たない（スーパーセルではない）ストームからも僅かながら竜巻が発生します。このような竜巻が起こるプロセスについては良く分かっていませんが、発達中のストームの環境場で既存の鉛直軸をもつ小規模の回転（渦）が関係するからだと考えられています。

〈スーパーセル・ストーム（Supercell Storms)〉

古典的なスーパーセルは、進行方向の右側から見ると図４のような外観になります。上昇流とかなとこ雲の下の降水域との間は〈ヴォルト〉と呼ばれることもあります。上昇流がかなとこ雲から落下する降水に近いときはこれが見えないこともあります。

ストーム全体は回転しており、〈壁雲〉はメソサイクロンが滝のように強い降水域下流側で、雨で冷えた空気を上昇流に引き込むことで生じます。その雨で冷やされた空気が壁雲に流れ込むと〈テールクラウド〉となることもあります。壁雲は、降水域から流れ込む空気の湿度が相対的に高いので低く垂れこめています。

壁雲

後方側面下降流（RFD）

側面から捉えた RFD

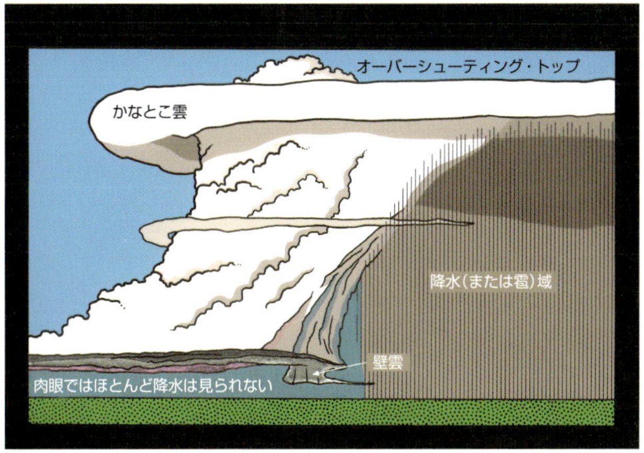

図4

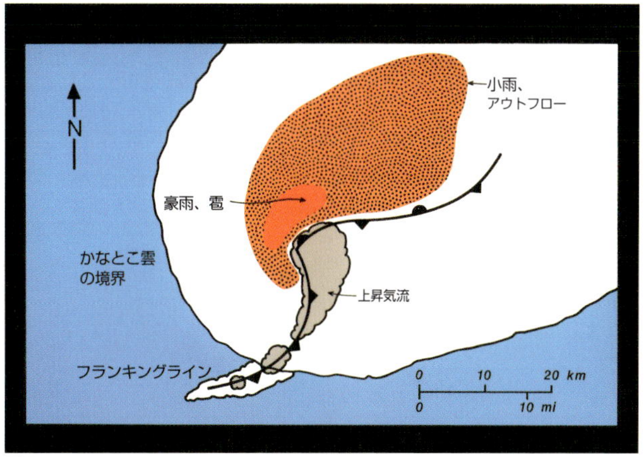

図5

図6

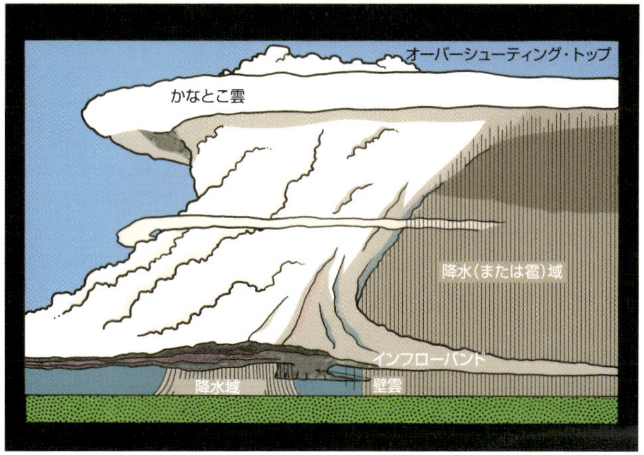

図7

図4　古典的スーパーセルの模式図。近づいてくるストームの方を向いて描いている。ストームは左から右へ移動し、図の枠を越えて広がっている。

図5　図4のストームを上空から下向きに見たもの。図4はこの模式図を右から見たもので、ストームは図の右上隅に向かって移動中。影はレーダーで見えるエコー域を表している。ガストフロントは黒い線に沿った前線記号で示されている。

図6　低降水型スーパーセルの外観の模式図。

図7　高降水型スーパーセルの模式図。「インフローバンド」では「ビーバーテイル」と呼ばれる雲列が形成されることもある。

ストームを上から見下ろすと（図5）、強い降水域はいわゆる〈前方側面下降流〉（FFD）になり、一方〈後方側面下降流〉（RFD）は、いわゆる壁雲の後ろに雲のない晴れた領域がくさび形になることで、上昇流域が曲がった馬蹄形のように見えます。上昇流はRFDで形成されたガストフロントで発達し、メソサイクロンに向かってカーブしながら流入する積雲の列である〈フランキングライン〉〔メインの上昇流に引き寄せられた暖かいインフローに沿ってできる積雲や積乱雲〕に沿ってストームの中に人っていきます。

スーパーセルはメソサイクロン内の降水量次第で別の形をとることもあります。図6は〈低降水型スーパーセル〉（LP）の模式図で、一般に低水型は雨がまったく、あるいは、ほとんど降りませんが、メソサイクロンの近くで大きい雹が降ることがあります。低降水型スーパーセルは古典的なスーパーセルよりも小さく、竜巻が発生する可能性はかなり低くなります。降雨が比較的少なく蒸発量が少ないので、強い直線的な風が卓越して竜巻は発生しないのです。こういうストームはアメリカのグートプレーンズでよく見られます。

スーパーセルには他に〈高降水型〉（HP）があり図7が模式図です。高降水型スーパーセルはメソサイクロンの周囲に多量の降雨をともない RFD 領域内で降らせます。ですから、古典的スーパーセルで見られたくさび状の晴れた領域（ヴォルト）はまったく晴れてはおらず——かえって多量の雨が降ることになるでしょう。雹かもしれません。場合によっては、FFD の降雨域がガストフロントに沿ってストーム全体に延びて、「ビーバーの尾（ビーバーテイル）」のような形になることがあります。これは壁雲に向かって続く低く垂れこめた雲底に結びついているテールクラウドと同じものではありません。古典的なスーパーセルにもビーバーテイルがある場合もありますが、よく見られるのは高降水型スーパーセルの場合です。高降水型では強雨、巨大な雹、非常に強いアウトフロー、そして竜巻が生み出されます。高降水型はスーパーセルの中では最もよく見られる型です。スーパーセルはふつうスコールライン〔寒冷前線に先駆けてやってくる、列状の積乱雲群〕に発達しますが、逆進化――スコールラインがスーパーセルに変化する――はまずありません。

〈スコールライン・ストーム（Squall Line Storms）〉

ストームはしばしばスコールラインとして組織化することがありますが、これはアウトフローが結合してガストフロントの先端で新しい積乱雲が発達するために起こります。スコールラインは長さ数百キロメートルにもなることもあります。スコールラインは激しいときも激しくないときもあり、激しくなる条件はスーパーセルができる条件と類似しています――強い鉛直ウィンドシアがあるときは、一般に、激しいスコールラインが発達しやすいのです。スコールラインは視覚的には、ガストフロントの進行先端に沿っていわゆる棚雲が見えることで分かります。すでに述べたとおり、これらは複雑に層を形成しているように見えます。天気の外観からだけではガストフロントと結びついているかどうか判断するのは容易ではありません――非常に威圧的な棚雲が短い大雨とほどほどの突風しかもたらさないこともあります。アウトフローからのガストフロントが降雨域から離れたところを移動するときは乾燥した地表面で強風が吹くことがあり、アウトフローに砂埃が充満して、砂嵐（ハブーブ）が起こります。砂嵐は世界中の砂漠や雨の非常に少ない土地に共通して見られます。

竜巻

竜巻はほとんどの場合、壁雲の下またはその付近で発達しますが、馬蹄形の上昇流域に沿う場所から起こることもあります。壁雲の降下がはっきり見えない場合もありますが、雲底が激しく回転しているのは見えます。竜巻はその一生の中で、外観を劇的に変えることが度々あります。竜巻渦はその直径が増大したり縮小したりを何度も繰り返し、単一になったり複数になったりと、構造を変化させます。

ほとんどの竜巻渦はそのライフサイクルで特徴的な変化を示します。まず、漏斗雲が確認される（ないこともある）発生期から始まります。壁雲とともに（見えれば）強い回転が見られますが、発達中の竜巻渦の風速は、地表で埃や飛散物（デブリ）を巻き上げるほどまだ強くないので「デブリ雲」はまだ見られません。

竜巻渦は雲ではなく風ですから、漏斗雲が地上まで達しないときでも地上で竜巻が起こることはあります。漏斗雲のない竜巻もありますし、目（またはカメラ）で竜巻を確認する唯一の方法は地表面付近におけるデブリ雲とデブリ雲上空雲底における強い回転です。

次に竜巻は最盛期に入ります。このとき地表付近の風速は被害を及ぼすほど激しくなります。竜巻の漏斗雲はこの段階でひときわ大きくなります。また、何本もの漏斗雲ができて共通の渦中心で回転する〈多重渦〉ができる可能性もあります。竜巻と結びつく漏斗雲はなめらか（層流）に見えますが、多重渦が埋めこまれた場合は乱れて（乱流）見えます。理由は良く分かっていませんが、竜巻内部の風速の分布の違いに関係しているようです――すべての竜巻は同じものではありません。漏斗雲が地表まで届かないこともあるし、竜巻の消滅期になって初めて地表まで達することもあります。しかし、いちばん多いのは最盛期に漏斗雲が地表に達する場合です。

その後竜巻は収縮期に入りますが、明らかに漏斗雲の直径が小さくなることを意味しています。この段階が非常に短い場合もあれば、かなり長い場合もあります。収縮期では漏斗雲は消えるかもしれませんが、デブリ雲がある限り竜巻はまだ進行中である証拠です。

最後に竜巻は消滅期に入ります。漏斗雲は幅の狭いロープ状になり、地表のデブリ雲が次第に崩壊することで分かります。この段階では竜巻はまだ地上に大きな被害を及ぼしかねません。時々、漏斗雲はだんだん蛇行を始め消滅の直前に輪のようになることがあります。漏斗雲がばらばらになることもあります――竜巻は風であって雲ではないと言ったとおり、外観はあてになりません。残骸は渦のまま残ります。

すべての竜巻がこれらのライフサイクルを経るとは限りません。竜巻の発達過程は多様ですが、これが代表的なものと言えます。

すべての竜巻がスーパーセルに伴うとは限りません。理由は解明されていませんが、ノン・スーパーセルから竜巻が発生することもあります。例は少ないですが、ノン・スーパーセル竜巻が同時に複数発生することもあります。熱帯や亜熱帯の沿岸部の海上で起こる竜巻はサンダーストームとはまったく無関係で、ただの積雲（塔状積雲）から生じます。陸上でもこれと同じ過程で、しばしば海上竜巻がまとまって発生するように、複数の竜巻が生まれることもあります。このタイプの竜巻は、水平ウィンドシア――水平方向の風速と風向の変化する境界――上で半径数キロメートルを越える弱い回転が風の収束ラインに沿って発達するときに、シアラインに沿ってできると考えられます。シアライン上の回転（渦）は塔状積雲の上昇流によって引き伸ばされ、竜巻となります。

竜巻がスコールラインに伴って発生することもありますが、その理由はまたしてもよく分かりません。スコールラインに埋め込まれたスーパーセルなどの場合とは区別されるべきで、頻発はしませんが時々見られます。スコールラインで発達する竜巻は、強いアウトフローにより生じる強い水平シアにより発生すると考えられています。この強いアウトフローでスコールラインは弓形になります。強いアウトフローに沿って鉛直軸の回転が形成される場所で、上昇流により渦が集中（引き伸ばされ）して竜巻になります。

竜巻の外観は通過する地表面の形状に大きく影響されます。また、発雷によっても竜巻の姿は変わります。埃っぽい地面を通るときはほぼ全面的に埃に覆われます。他方で、舞い上げるものが少ないかほとんどない場所を通れば、埃やデブリ雲はほとんどできません。地表付近の空気が湿潤であれば、漏斗雲は地表付近における空気の相対湿度が低いときよりも発達するようです。

漏斗雲は特別な雲ではありません――水蒸気が凝結した小さい水滴でできています。他の雲と同様に漏斗雲の見え方は見る角度と背景によって変わります。背景が暗いとき直射日光の中では竜巻は白く、また直射日光ではなく散乱光に照らされていれば、青っぽい灰色に見えます。明るい空では影ができて黒または濃い灰色に見えるでしょう。夕陽の中では黄色みを帯びた金色かまたは血のような赤色に見えるかもしれません。同じ竜巻を同時に見ても、角度が異なれば異なった姿に見えるでしょう。

結び

ストームの科学についてまとめてきましたが、ただ単にストームを観察することだけでも実際、知識を少しずつ増すことができます。ストームの外観と発達の仕方は、ストームの内部でいま何が起こっているかを明らかにし、知識のある者がそれを見れば、天気の変化についてそれなりの推測が可能となります。マイクやエリックのような信頼できるストームチェイサーは、写真や映像を科学者と共有したり、天気予報官がそれを応用することでシビアストームの科学的解明への貢献をしています。ストームについて学ぶべきことはまだまだ沢山ありますが、ストームを追いかけることで既にストームに対する理解が向上しているだけでなく、猛烈なストームが人間活動に影響を及ぼすとき、その被害を少なくするための予報や警報の精度向上にも役立っているのです。

出典

図1　NOAA衛星写真。アメリカ大気研究センター、研究応用研究所許諾。

図2　アメリカ大気研究センター、研究応用研究所許諾。

図3　著者作成。初版C・A・ドズウェルⅢ「激しい対流性のストーム――概説（Severe Convective Storms—An overview)」、『気象論』（アメリカ気象学会）第28巻、第50号、2001年、1～26頁。

図4～7　著者およびジョアン・キンペル作成。初版NOAAストームスポッター〔スーパーセルや竜巻などの発生状況についての、質の高い目視情報を関係機関へ提供するために組織され、訓練を受けたボランティアのこと〕のスライド集。

用語解説

写真クレジット

謝辞

用語解説

❖**かなとこ雲**（anvil）　平らに広がった積乱雲の雲頂部。しばしば鉄床（かなとこ）のような形になる。

❖**アーチ雲（アーク）**（arcus cloud）　低く水平な形の雲。ガストフロントに沿って形成されるロール雲や棚雲など低い水平な雲。

❖**ビーバーテイル**（beaver's tail）　ビーバーの尻尾を思わせる、比較的幅が広く平らなバンド状のインフローの形。スーパーセルの一般的な上昇気流に結びついており、偽似温暖前線とほぼ並行、すなわち、東から西へ、または南東から北西方向にできる。このインフローバンドと同様に水蒸気も上昇しながら凝結して雲となり、西または北西へ向かう。流入の仕方の強弱で大きさや形は変化する。

❖**対地雷撃**（CG）　Cloud-to-Ground lightning flashの略。

❖**併合**（coalescence）　雲の中の水滴（雲粒）が衝突してより大きな雨粒ができること。

❖**対流**（convection）　通常は流体の動きによる熱と水分の輸送のこと。気象学ではとくに不安定な大気中の気流の上昇と下降に伴う、熱と水分の鉛直方向の輸送のことをいう。「対流」と「雷雨」の用語はしばしば互換的に使用されるが、雷雨は対流の一つにすぎない。

❖**積雲**（cumulus cloud）　晴れているとき地表付近から上昇するサーマル（thermal）の最上層にできる雲。凝結する高度に達するが、ストームが発達するほど不安定ではない。

❖**下降気流**（downdraft）　地表へ向かって急激に下降する小規模な空気柱で、通常はにわか雨や雷雨のときのような降水時に生じる。

❖**ドライライン**（dry line）　乾燥した空気塊と湿った空気塊を分けている境界であり、グレートプレーンズではストームが頻発するときの重要な要因となる。通常は春から初夏にかけて中央部とハイプレーンズ南部諸州に南北に広がり、メキシコ湾から（東へ）の湿った空気と、南西諸州から（西へ）の乾燥した砂漠の空気を分けている。ドライラインはふつう午後東へ進み、夜は西へ後退する。

❖**ドライパンチ**（dry punch）　乾燥した空気塊の波。通常は総観スケールまたはメソスケールで波状に乾燥気塊が流入すること。地表面におけるドライパンチはドライラインのふくらみとして現れる。下層の湿潤空気上空にドライパンチがあるとストームの可能性が増大する。

❖**対流平衡高度**（equilibrium level: EL）　周囲の温度よりも暖かく、上昇する空気塊が周囲の温度と等しくなる高度。

❖**温帯低気圧**（extratropical cyclone: ETC）　総観スケールの低気圧（水平スケールで数千キロメートル）で、通常はそれぞれ極地方と赤道地方へ移動する温暖前線と寒冷前線を伴う。

❖**前方側面下降流**（forward flank downdraft: FFD）　スーパーセルの相対的に高い高度の風に対して、進行方向前面における下降流の領域。後方側面下降流（RFD）と区別される。メソサイクロンの前方、かなとこ雲からの降水を伴う。

❖**ガストフロント**（gust front）　積乱雲の下降流から地表面に吹く突風の先端のこと。ときに棚雲やロール状の雲を伴う。

❖**不安定**（instability）　上昇あるいは下降した空気塊が正または負の浮力を得て加速度を増すこと。特に、気塊が持ち上げられると上方への加速度は増す。ストームには大気が不安定である必要がある——不安定度が大きくなればなるほど激しいストームの可能性が高まる。

❖**ランドスパウト（陸上竜巻）**（landspout）　メソサイクロンを伴わない陸上の竜巻。

❖**低降水型スーパーセル**（low precipitation storm or low precipitation supercell: LP）　降水があまり見られない特徴のあるスーパーセル。強い降水コアが見られない他は古典的スーパーセルと外観は類似している。LPは、中心に鐘（ベル）型を有する点や回転を示す螺旋状の雲など、しばしば特徴的な外観を見せる。LPは、竜巻を起こし、大きな雹を降らせることがある。他のスーパーセルに比べてレーダーで探知しにくく目視報告が重要となる。LPは必ずと言っていいほどドライラインに沿って、ないしはその付近で起こるので、ドライラインストームと呼ばれることがある。

❖**乳房雲**（mammatus）　雲底（通常はかなとこ雲）の下にできる袋のような丸くなめらかな突出部。

❖**メソサイクロン**（mesocyclone）　直径3～7キロメートル程度のストームスケールの循環で、スーパーセルの進行方向右後部側面（またはLPの東ないし前方側面）に見られる。メソサイクロンの循環の範囲はその中で発生する竜巻よりもはるかに大きい。

❖**メソスケール**（mesoscale）「総観スケール」（水平スケールで数千キロメートルの規模）より小さな規模の大気スケールで、水平スケールで数十～数百キロメートル規模。その下の「マイクロスケール」は水平スケールで数キロメートル以下の規模。

❖ **NOAA**　アメリカ海洋大気庁。

❖**アウトフローの境界**（outflow boundary）　ストームからの冷気（アウトフロー）と周囲の空気を分けるストームスケールまたはメソスケールの境界。寒冷前線による効果に類似しており、風が急に変化して気温が下がる。ストーム発生あるいは衰弱後24時間またはそれ以上続いて消散し、数百キロメートルも移動することがある。とくに他の境界（寒冷前線、ドライライン、別のアウトフローとの境界）と交差する点では、アウトフローの境界に沿って次々に積乱雲が発達することがよくある。

❖**後方側面下降流**（rear flank downdraft: RFD）　メソサイクロンを取り巻き、その後方側面で下降する乾燥空気の領域。壁雲を囲む晴天域がしばしば見られる。

❖**ちぎれ雲**（scud clouds）　積乱雲の雲底から引きはがされた片乱雲で、寒冷前線やガストフロント上あるいはその後方に見える。こういう雲はアウトフローのように、一般には湿った冷たい空気塊と関係がある。

❖ **SFC**　地表面（Surface）。

❖**シア**（shear）　短い距離における風速および（または）風向の変化。ふつうは鉛直のウィンドシア、すなわち、高度方向の風の変化をいうが、ドップラーレーダーで短い水平距離における動径方向速度の変化を表すときにも用いられる。

❖**スーパーセル**（supercell）　深い対流で、メソサイクロンを有するストーム。

❖**竜巻**（tornado）　激しい空気柱の回転を伴う渦で地上に達したもの。必ずと言ってよいほど漏斗雲から始まり、激しい音も伴う。

❖**上昇気流**（updraft）　上昇する小規模の空気の流れ。空気中に水蒸気が多いときは凝結して積雲あるいは塔状積雲になる。

❖**世界標準時**（Universal Time Coordinated: UTC）　高度に正確な原子時計による世界標準時（世界共通の標準時であり、セシウム原子時計によって刻まれる国際原子時をもとにして常に正確に保持されている）。

写真クレジット（ストームの追跡に含まれない映像）

マイク・ホリングスヘッド：8, 10, 12, 14, 18, 66-73, 126（右下を除く）, 127-29, 142-43, 176, 180, 181（左下および右下）, 182, 183, 185, 192

エリック・グエン：1, 2, 4, 24, 96-99, 126（右下）, 174, 181（左上および右上）, 188

謝辞

本書にご協力いただいた皆様に感謝いたします。ルビー・クィンスは本書の出版を発案し尽力してくれました。エリック・グエンは私の知る限り最高のストームチェイサーであり写真家で、私と一緒に本書を出版することに同意してくれました。エリックの死はたいへん痛ましいことですが、彼の人生はそれとはまったくちがいます。彼とともに仕事をする機会を得たことにとても感謝しています。彼の死を悔やむ人々は大勢いるでしょうが、彼の仕事は本書の中で生き続けます。チャック・ドズウェルから本書への執筆と温かい言葉をいただいたことにも感謝いたします。チャックは有名な科学者であるばかりでなく、有名なストームチェイサーでもあります。エイモス・マリオッコからも協力を受けました。彼は活動仲間であり、彼とのチャットを通じて数多くの予報に関する知識を得ました。また、ターゲットとする積乱雲選定や撮影手法について語り合った人たち、旅の途中で出会った方々に感謝いたします。その人数は多すぎてとてもここには収まりませんが、ほとんどの活動を共にし良く知る間柄であるスティーヴ・ピーターソンの名前を挙げたいと思います。ランディ・チェンバレンもすばらしい仲間の一人であり、ディーン・コスグローヴは活動を通じて知り合いになりました。有能な写真家のライアン・マクギニスにも謝意を表したいと思います。彼は人気あるサイトに私のサイト情報を何度も流してくれました。私のサイトを訪れてくれる多くの方々にも心からお礼を申し上げます。そして、私が自分の趣味のために心配をかけていると思わないように気を遣ってくれた両親に感謝します。最後に、とりわけ、追跡活動のために散歩に連れて行ってあげられなくても未だに尻尾を振ってくれる私の犬たちよ、ありがとう（両親の犬だが私が一番の友である）。

マイク・ホリングスヘッド

監訳者あとがき

「先生、今ネットでスーパーセルが流行っているそうですよ。」ちょうど、１年前に聞いた言葉ですが、わが国でも「Ｆ（フジタ）スケール」とか「メソサイクロン」、「スーパーセル」という竜巻に関連した気象用語が一般社会に定着しつつあることを実感した瞬間でした。未だにそのメカニズムが完全に解明されていない竜巻（トルネード）は、複雑な構造――階層構造（マルチスケール）――を有するのが特徴です。すなわち、直径100ｍの竜巻渦（漏斗雲）は雲底付近に存在する直径１㎞の親渦（メソサイクロン）から伸びており、さらにメソサイクロンは巨大積乱雲（スーパーセル）の中で形成されます。

これまで竜巻の写真は数多く残されていますが、ストーム（嵐）の写真は学術研究以外ではなかなか一般の目に触れることが少なかったと思われます。竜巻であれば、命がけで至近距離にまで近づけばカメラに収めることができるわけですが、水平スケールが100㎞にも達するスーパーセルの全体像は、適当な場所から適切なカメラを用いないとなかなか捉えることができません。

本書にあるような、数々のストームの写真を見れば、気象学を学んでいなくとも“尋常ではない”と直感できるはずです。異様なUFOのような雲、今にも地上に届きそうな渦や乱れ、吸い込まれそうなメソサイクロンの中心部分、トルネードと隣り合わせの降水や落雷、太陽光線による彩色……を目の当たりにすれば、未知なる自然への興味がわき、芸術的ともいえる形状に感動し、畏怖の念さえ抱くかもしれません。まさに神の領域、この世のものとは思えません。太古の昔から、“風神”や“雷神”など神として崇められてきたように。

近年、日本でも甚大な竜巻被害が相次いで発生しています。また、時間雨量100㎜を超えるような“ゲリラ豪雨”などの激しい大気現象＝極端気象がクローズアップされています。つまり、わが国でもしばしばスーパーセルは発生しているのです。ただ、大平原の広がるアメリカ中西部と複雑な地形を有するわが国とでは、雲の見える条件が異なります。アメリカでは、「トルネードチェイサー」や「トルネードスポッター」とよばれるトルネード追跡者が大勢いますが、単に個人の趣味で行動しているわけではありません。科学者と一緒に行動して観測データを提供したり、トルネードのタッチダウンを目視で確認して竜巻警報のための通報を行ったりしているのです。専門家の立場では、このようなストームが頻繁に観測できるアメリカの研究者はうらやましい限りですが、国土が狭くさまざまな規制がある日本では、追跡はなかなかできるものではありません。日本の「トルネードチェイサー」は、レーダーの網を張って獲物（竜巻）を待つという、まったく異なった発想で竜巻にアプローチしています。

さまざまな災害から身を守ることが必要な世の中ですが、こと気象災害に関しては空を見上げて雲を観ることが最も有効な手段のひとつです。竜巻が生まれないまでも雲底の回転（メソサイクロン）やガストフロントは頻繁に発生しています。忙しくてなかなか空を見上げることができなくなった現代人ですが、嵐の接近時に雲を観れば本書の写真のようなスーパーセルの断面を見ることができるでしょう。そういう意味で本書は芸術書であると同時に防災書ともいえます。本書を見た方が竜巻という未知なる大自然に興味を持って頂ければ幸いです。

最後になりましたが、本書を刊行するにあたり、国書刊行会の清水範之氏のお世話になりました。紙面を借りてお礼申し上げます。

平成27年６月

小林文明

【監訳者紹介】

小林文明（こばやし ふみあき）

1961年東京都生まれ。北海道大学大学院理学研究科地球物理学専攻博士後期課程修了。理学博士。現在、防衛大学校応用科学群地球海洋学科長・教授。専門は気象学（メソ気象学、レーダー気象学、大気電気学）、主な研究対象は積乱雲および積乱雲に伴う雨、風、雷。
著書に、『大気電気学概論』（コロナ社、2003）、『Environment Disaster Linkages』（Emerald Book、2012）、『竜巻　メカニズム・被害・身の守り方』（成山堂書店、2014）などがある。

【訳者紹介】

小林政子（こばやし まさこ）

1972年明治学院大学英文学科を中退し外務省入省。1973年～1975年リスボン大学にて研修。主に本省では中近東アフリカ局、国連局原子力課に勤務。在外ではブラジル、カナダにて勤務。1998年外務省を退職して翻訳を志す。ユニ・カレッジにて日暮雅道氏、澤田博氏に師事。
訳書に、パール・バック『神の火を制御せよ―原爆をつくった人びと』（径書房、2007）、パール・バック『私の見た日本人』（2013）、パール・バック『隠れた花』（2014）、スティーブン・R・バウン『壊血病』（2014）（以上国書刊行会）などがある。

スーパーセル

恐ろしくも美しい竜巻の驚異

2015年6月5日初版第1刷印刷
2015年6月10日初版第1刷発行

著者……マイク・ホリングスヘッド／エリック・グエン
監訳者……小林文明
訳者……小林政子
発行者……佐藤今朝夫
発行所……国書刊行会
東京都板橋区志村1-13-15　〒174-0056
電話 03-5970-7421
ファクシミリ 03-5970-7427
URL : http://www.kokusho.co.jp
E-mail : sales@kokusho.co.jp

装訂者……山田英春
印刷所……株式会社シーフォース
製本所……株式会社ブックアート

ISBN978-4-336-05925-3 C0040
乱丁・落丁本は送料小社負担でお取り替え致します。